剪映+AI
短视频制作 从入门到精通

创锐设计 编著

北京理工大学出版社
BEIJING INSTITUTE OF TECHNOLOGY PRESS

版权专有　侵权必究

图书在版编目（CIP）数据

剪映+AI短视频制作从入门到精通 / 创锐设计编著．
北京：北京理工大学出版社，2025.5.
ISBN 978-7-5763-5354-9

Ⅰ．TP317.53

中国国家版本馆CIP数据核字第20254ZA812号

责任编辑：江　立	文案编辑：江　立
责任校对：周瑞红	责任印制：施胜娟

出版发行	/ 北京理工大学出版社有限责任公司
社　　址	/ 北京市丰台区四合庄路6号
邮　　编	/ 100070
电　　话	/ （010）68944451（大众售后服务热线）
	（010）68912824（大众售后服务热线）
网　　址	/ http://www.bitpress.com.cn

版印次	/ 2025年5月第1版第1次印刷
印　刷	/ 三河市中晟雅豪印务有限公司
开　本	/ 710 mm×1000 mm　1/16
印　张	/ 14.5
字　数	/ 196千字
定　价	/ 79.80元

图书出现印装质量问题，请拨打售后服务热线，负责调换

Preface·前言

在当今这个数字化转型加速的时代，短视频已成为各行各业接触和影响其目标受众的重要媒介形式。从电子商务、文旅宣传到在线教育、影视娱乐，再到品牌推广、新闻报道，短视频以其精简凝练、易于分享、传播迅速的优势在众多领域大显身手。然而，如何高效且专业地制作商业短视频，成为摆在创作者面前的一大挑战。

本书正是为了解决这一难题而编写的。其深度融合了前沿的 AI 技术与剪映这款强大的视频编辑工具，旨在帮助读者从零开始，逐步掌握商业短视频制作的核心技能，实现从入门到精通的飞跃。

◎ AI 赋能，高效创作

如今，AIGC（AI Generated Content，人工智能生成内容）已成为内容产业的新质生产力，短视频创作也不例外。本书的第 1～3 章深入探讨了如何将 AI 技术融入传统的视频创作流程，对文案撰写和素材获取等环节进行升级和优化。在文案撰写方面，主要讲解如何利用 AI 技术获取选题灵感，并撰写视频标题和脚本，涉及文心一言、通义千问、智谱清言、讯飞星火等 AI 写作工具。在素材获取方面，主要讲解如何利用 AI 技术生成图像、视频和音频素材，涉及文心一格、Vega AI、通义万相、秒画、无界 AI、佐糖、美图设计室等 AI 绘画工具，一帧秒创、即梦 AI 等 AI 视频创作工具，以及 Suno、海绵音乐、TTSMaker 等 AI 作曲和配音工具。

◎ 剪映助力，专业剪辑

作为业界领先的短视频创作工具，剪映以其强大的功能、便捷的操作、丰富的素材库，赢得了广大创作者的青睐。本书的第 4～8 章除了介绍剪映的分割、裁剪、变速、倒放、抠图等基础剪辑操作，还介绍了"一键成片""营销成片""剪同款""图文成片""智能文案""智能字幕""克隆音色""文本朗读""智能调色""智能打光""AI 特效"等多种适应快节奏的商业化创作需求的先进功能。在这些功能的助力下，即使是初学者也能轻松上手，快速制作出高质量的视频作品。

◎ **实战案例，学以致用**

  为了帮助读者在实际创作中更好地应用所学知识，本书的第 9～13 章精心设计了 5 个实战案例，包括电商主图视频、文旅宣传片、数字人教学视频、电影感科幻短片、时尚汽车广告大片。每个案例都涵盖从脚本撰写、素材准备到后期剪辑、特效添加等完整的创作过程，让读者在实战中不断提升自己的创作能力和审美水平。

◎ **内容全面，适用广泛**

  本书内容全面，覆盖了短视频制作的各个环节，为读者提供了一站式的学习体验。本书的适用群体也很广泛，无论您从事的是传统职业还是新兴职业，无论您是初出茅庐的新手还是希望进阶提升的资深人士，都能从本书获得实用的知识和技能。此外，视频剪辑和 AI 技术的爱好者及大专院校相关专业的师生也可以通过阅读本书了解 AI 技术的应用前景和发展趋势。

  由于 AI 技术的更新和升级速度很快，加之编者水平有限，本书难免有不足之处，恳请广大读者批评指正。

编 者

2025 年 5 月

Contents·目录

第1章 AI 文本创作：生成视频脚本与文案

01 使用 AI 策划视频选题 001
02 撰写标题突出视频主题 004
03 根据故事情节撰写脚本提纲 006
04 撰写脚本，指导视频拍摄 008
05 撰写分镜脚本，合理安排要素 011
06 撰写直播带货脚本 013

第2章 AI 图像生成：绘制视频所需画面

01 生成大气恢宏的游戏插图 016
02 生成写实风格的场景图 018
03 生成精致的产品设计图 020
04 生成色泽诱人的美食图片 023
05 生成逼真的虚拟人物形象 025
06 抠取图像获得主体元素 030
07 去除图像中的多余元素 032
08 智能扩图，灵活更改图像画幅比例 034
09 无损放大获得高清画质 035

第3章　AI 音视频生成：获取多样素材

01　用提示词生成视频素材 037
02　将文章转换为视频 039
03　使用本地图片生成视频 042
04　为视频生成专属配乐 047
05　设置主题生成背景音乐 048
06　为视频生成专属旁白配音 050

第4章　基础剪辑：快速处理视频

01　使用"一键成片"功能快速套用模板 052
02　使用"营销成片"功能生成爆款带货视频 054
03　使用"剪同款"功能一键生成热门风格 vlog 视频 055
04　使用"图文成片"功能生成视频 057
05　使用"模板"功能快速生成宣传视频 059
06　分割视频截取精彩片段 061
07　裁剪视频画面进行二次构图 063
08　使用"定格"功能凝固精彩瞬间 064
09　变速调整让视频张弛有度 065
10　使用"倒放"功能制作搞笑循环效果 067
11　使用"色度抠图"功能轻松抠取绿幕素材 068
12　使用"智能抠像"功能一键去除背景 071

第5章　字幕和贴纸：让作品不再单调

01　使用"智能包装"功能一键添加字幕 075

02 使用"智能文案"功能一键生成字幕 076
03 使用"AI 生成"功能创作文字效果 077
04 手动添加字幕并设置字幕样式 078
05 添加花字丰富字幕效果 080
06 套用"文字模板"快速创建动画字幕 081
07 使用"智能字幕"功能将语音转换成字幕 083
08 使用"识别歌词"功能生成歌词字幕 085
09 添加动画让文字动起来 087
10 添加贴纸增加视频趣味性 089
11 使用 AI 生成个性化贴纸素材 091

第6章 配音和配乐：营造视频氛围

01 使用"克隆音色"功能生成专属配音 094
02 后期录音确保音频质量 097
03 使用"文本朗读"功能将文本转换成语音 098
04 使用"数字人"功能创建虚拟主播 100
05 添加音效提升观看体验 103
06 添加音乐库中的音乐 104
07 导入抖音账号收藏的音乐 104
08 导入抖音链接中的音乐 106
09 为音频设置淡入 / 淡出效果 107
10 提取视频文件中的音频 108
11 调整音频的音量 111

第7章 画面润饰：增加视频美感

- 01 使用"智能调色"功能一键优化视频色彩 112
- 02 使用"色彩克隆"功能快速统一作品风格 113
- 03 使用"色彩校正"功能一键修复色彩偏差 116
- 04 通过手动调节精准把控画面色彩 117
- 05 使用滤镜一键完成调色 119
- 06 叠加滤镜：解锁色彩的无限可能 121
- 07 滤镜＋手动调节：双重优化提升画面品质 123
- 08 使用色卡调出高级电影感色调 125
- 09 使用"智能打光"功能点亮你的美 129
- 10 人像美化轻松呈现高级感 131

第8章 转场和特效：打造酷炫画面效果

- 01 通过添加转场实现不同场景的自然过渡 133
- 02 一键将转场效果应用至所有素材 134
- 03 转场效果的替换和调整 135
- 04 使用"画面特效"丰富视觉效果 137
- 05 使用"人物特效"提升人物表现力 140
- 06 使用"AI 特效"功能一键生成风格化图片 142
- 07 使用"玩法"功能打造炫酷的时空穿越效果 143
- 08 添加入场/出场动画效果 144
- 09 组合动画让视频画面更具动感 146
- 10 使用蒙版再现《盗梦空间》震撼特效 149

第9章　创作优质电商主图视频

- 01　使用文心一言撰写脚本 153
- 02　使用 Vega AI 生成图像素材 156
- 03　使用即梦 AI 生成视频素材 157
- 04　使用剪映的"图文成片"功能生成项目框架 159
- 05　使用剪映添加画面素材并调整时长 161
- 06　使用剪映为视频添加转场效果 163
- 07　使用剪映为视频添加动画字幕 164
- 08　使用剪映为视频添加品牌徽标 167

第10章　打造爆款文旅宣传片

- 01　使用剪映的"图文成片"功能快速生成视频初稿 170
- 02　使用即梦 AI 生成视频素材 172
- 03　使用剪映替换视频初稿中的部分素材 173
- 04　使用剪映的"文字模板"添加动画字幕 175
- 05　使用剪映的滤镜优化画面色彩 177
- 06　使用剪映为视频添加转场和特效 179

第11章　制作逼真的数字人教学视频

- 01　使用通义万相生成数字人形象 182
- 02　使用来画生成数字人口播视频 183
- 03　使用剪映合成数字人教学视频 189
- 04　使用剪映识别语音自动生成字幕 192

第12章　打造电影感科幻短片

- 01　使用通义千问创作故事内容 ... 195
- 02　使用通义千问根据故事内容撰写分镜脚本 ... 197
- 03　使用即梦 AI 生成视频素材 ... 198
- 04　使用剪映导入素材并添加双语字幕 ... 200
- 05　使用剪映添加音效和背景音乐 ... 205
- 06　使用剪映添加片尾特效和字幕 ... 208

第13章　打造时尚汽车广告大片

- 01　使用智谱清言撰写品牌口号 ... 210
- 02　使用秒画生成图像素材 ... 211
- 03　使用即梦 AI 基于图像素材生成视频素材 ... 212
- 04　使用剪映导入视频素材并调整播放速度 ... 214
- 05　使用剪映中的滤镜优化画面色彩 ... 215
- 06　使用剪映添加转场效果 ... 216
- 07　使用剪映添加音效和背景音乐 ... 217
- 08　使用剪映添加品牌口号和片尾 ... 220

1 AI 文本创作：生成视频脚本与文案 ▶

　　在过去，视频创作者需要具备敏锐的市场洞察力，历经思维激荡与灵感筛选，获取选题和创意，接着反复推敲与优化脚本，才有可能打造出既符合市场期待又深受观众喜爱的视频作品。随着科技的飞速发展，先进的 AI 工具正逐渐成为创作者的得力助手。这些工具能够帮助创作者挖掘选题、构思创意、优化标题和脚本，不仅能极大地提升制作效率，更能增加作品的创意多样性。本章将讲解如何使用 AI 文本生成工具获取视频选题、撰写脚本与文案等。

01 使用 AI 策划视频选题

　　选题策划是视频创作中不可或缺的一环。然而，在如今这个信息爆炸的时代，精准捕捉既引人入胜又紧跟热点的选题，无疑是一项极具挑战性的任务。为了有效提升策划效率与精准度，引入 AI 工具辅助策划选题已成为一种趋势。本节将利用文心一言策划视频选题。文心一言是百度开发的知识增强大语言模型，能够与人对话互动、回答问题、协助创作，高效便捷地帮助人们获取信息、知识和灵感。

步骤01 用网页浏览器打开文心一言的首页（https://yiyan.baidu.com/），单击页面右上角的"立即登录"按钮，在弹出的登录框中进行登录，如图 1-1 所示。可用的登录方式有扫码登录、账号登录、短信登录。

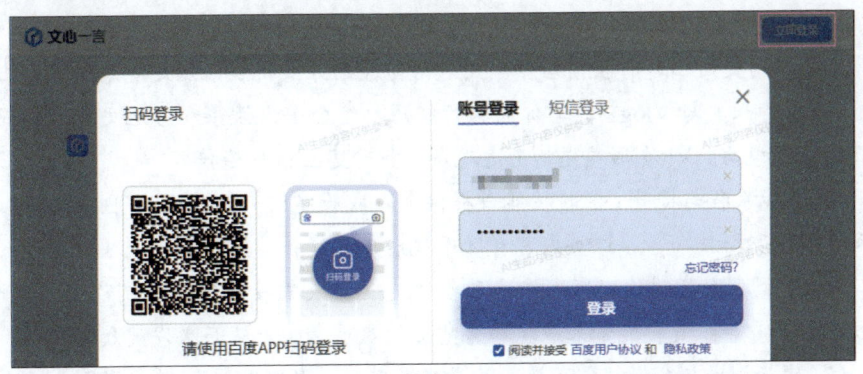

图 1-1

步骤02 登录成功后，进入文心一言的工作界面，如图1-2所示。界面左侧列出了近期的对话记录，用户可以通过单击某一条记录查看对话内容；界面右侧中间是一些功能提示或提示词模板；界面右侧底部是提示词输入框，如需与文心一言对话，只需在框中输入提示词，单击 ➤ 按钮或按〈Enter〉键即可发送。

图 1-2

步骤03 这里先要求文心一言提供视频选题的建议，对话过程如下。

> 你是一位专业的自媒体视频制作人，打造过百万粉丝级别的账号。请为我提供一些视频选题上的建议。

> 当然，很高兴能帮助你在视频选题上找到灵感。打造百万粉丝级别的账号，关键在于持续输出高质量、有吸引力且与目标受众产生共鸣的内容。以下是一些视频选题的建议，希望能激发你的创作灵感：
>
> 1．生活小窍门与DIY：分享实用的生活技巧，如家居清洁妙招、快速美食制作、手工艺品DIY等。这类内容易于模仿，观众参与度高。
>
> 2．知识科普与揭秘：针对热门话题或科学现象进行深度解析，如宇宙奥秘、人体奥秘、历史谜团、科技前沿等。用通俗易懂的方式讲解，满足观众的好奇心。
>
> 3．旅行探索与Vlog：分享你的旅行经历，结合个人故事和当地文化，展现不一样的旅行视角。Vlog形式更加亲近观众，易于建立情感连接。
>
> 4．技能教程与提升：教授技能或提供个人成长建议，如编程入门、外语学习、时间管理、职场技巧等。这类内容有助于观众自我提升，增强黏性。
>
> 5．美食评测与制作：尝试并评测各种美食，或教授如何在家制作网红美食、地方特色菜肴等。美食能带来视觉和味觉上的双重享受，从而激发观众的兴趣。
>
> 6．时尚美妆与穿搭：分享最新的时尚趋势、美妆技巧、穿搭心得等。适合年

轻观众群体，通过展示个人风格和品味，吸引粉丝关注。

7．心理健康与情感交流：探讨心理健康问题、人际关系处理技巧，或分享情感故事等。在快节奏的生活中，这类内容能给予观众心灵上的慰藉和启发。

8．社会热点评论：针对当前社会热点事件进行客观分析或分享独到的见解，展现你的思考深度。注意保持中立和理性，避免过度煽动情绪。

9．游戏解说与电竞：如果你擅长某个游戏或熟悉电竞领域，可录制游戏解说、游戏攻略、电竞比赛分析等内容的视频。这类内容在年轻男性观众中非常受欢迎。

10．宠物日常与养护：分享宠物的可爱瞬间、养护经验、训练技巧等。宠物视频往往能迅速吸引观众的注意力，并引发共鸣。

记得在选择选题时，要充分考虑你的目标受众是谁，他们关心什么，以及你的内容如何能为他们带来价值。同时，保持内容的多样性和创新性，定期尝试新的选题方向，以吸引更多潜在观众。

步骤04 文心一言列出的上述选题建议中，可能有很多领域都不是用户所擅长的。为了让文心一言根据用户的实际情况提供建议，可以在提示词中添加用户的个人信息，如从事的职业、擅长的技能或兴趣爱好等，对话过程如下。可以看到，文心一言紧紧围绕提示词中的个人信息提供了新的建议，这些建议更贴合用户的实际情况，因而也具备更高的可行性。

> 你是一位专业的自媒体视频制作人，打造过百万粉丝级别的账号。作为一位手工艺人，我对编织和刺绣有着浓厚的兴趣，并具备扎实的技艺，请为我提供一些视频选题上的建议。

> 当然，我很乐意为你这样一位有着深厚编织和刺绣技艺的手工艺人提供视频选题上的建议。结合你的兴趣、技艺和自媒体平台的特性，以下是一些建议，希望能激发你的创作灵感：

1．技艺深度解析系列：鉴于你具备扎实的技艺，可以制作一系列深度解析视频，详细讲解编织和刺绣中的高级技巧、独特针法或传统工艺的现代演绎。例如，你可以深入探讨某种复杂图案的编织逻辑、特殊刺绣技法的应用场景，或者分享一些鲜为人知的行业秘密和技巧。

2．作品创作过程记录：拍摄并分享你创作编织和刺绣作品的全过程，从设计构思、材料选择、色彩搭配到实际制作过程，再到最后的成品展示。这样的视频不仅能让观众看到你的技艺，还能让他们感受到创作的乐趣和成就感，增强他们的代入感和黏性。

3．文化融合与创新：探索编织和刺绣与其他文化元素的融合，例如，将传统图案与现代设计相结合，或者将编织和刺绣技术应用于时尚服饰、家居装饰等现代生活领域。你可以分享自己的创新尝试和灵感来源，鼓励观众也尝试将传统手工艺与现代生活相融合。

4. 互动教学挑战：设置一些编织和刺绣的互动教学挑战，邀请观众参与并分享他们的作品。你可以设定一个主题或挑战规则，如"用指定颜色编织一条围巾""创作一幅具有个人风格的刺绣作品"等，并提供相应的指导和建议。这样的活动不仅能增加观众的参与感和互动性，还能通过观众的作品展示来丰富你的视频内容。

5. 行业访谈与分享：作为手工艺人，你或许有机会接触到行业内的其他优秀创作者或专家。你可以邀请他们进行访谈，分享他们的创作经验、行业见解或艺术观点。这样的视频能够拓宽观众的视野，增加你的账号的权威性和深度。

6. 历史与文化探索：挖掘编织和刺绣的历史渊源和文化背景，制作一系列关于其起源、发展、地域特色等方面的视频。你可以结合实物展示、文献资料解读或专家讲解等方式，让观众更深入地了解编织和刺绣的文化内涵和历史价值。

7. 生活美学与灵感分享：分享你的日常生活如何与编织和刺绣相结合，例如，如何将手工艺品融入家居装饰、如何在旅行中寻找创作灵感等。这样的视频能够展现你的生活态度和美学追求，吸引更多对生活方式感兴趣的观众。

希望这些建议能够帮助你创作出更多精彩纷呈的视频内容，吸引并留住更多热爱编织和刺绣的观众。祝你在自媒体创作之路上取得更大的成功！

02 撰写标题突出视频主题

明确视频主题后，下一步就是拟定视频标题。视频标题在吸引观众、传达主要内容、提高搜索引擎排名、增加转发量等方面起着重要作用。一个有吸引力的标题能够激发观众点击的兴趣，进而引导他们深入了解视频内容。下面使用文心一言基于上一节提供的选题撰写视频标题。

步骤01 打开文心一言，进行如下所示的对话。

> 我想要制作一个以"刺绣的历史渊源"为主题的视频，请帮我为这个视频生成5个吸引人的标题。

> 当然，以下是5个以"刺绣的历史渊源"为主题、吸引人的视频标题建议：
>
> 1. 穿越千年的针线艺术：揭秘刺绣的历史长河
>
> 通过"穿越千年"和"历史长河"这两个关键点营造出一种广阔的时间跨度，激发观众的好奇心，吸引他们深入了解刺绣这门古老艺术的发展历程。
>
> 2. 绣出华夏文明：刺绣背后的历史故事与文化传承
>
> 强调刺绣与华夏文明的紧密联系，通过"历史故事"和"文化传承"这两个关

键点，吸引对中华文化和历史感兴趣的观众。

3．一针一线绘春秋：探索刺绣技艺的古老起源与现代演变

使用"一针一线绘春秋"形象地描述了刺绣的细致与精致，同时结合"古老起源"与"现代演变"，展现刺绣的悠久历史和不断发展的生命力。

4．千年绣韵，源远流长：刺绣艺术的历史轨迹与文化魅力

通过"千年绣韵"和"源远流长"强调刺绣深厚的历史底蕴和文化价值，吸引对传统文化和艺术感兴趣的观众。

5．从宫廷到民间：揭秘刺绣如何成为中华民族的文化瑰宝

通过"宫廷"到"民间"的转变，展现刺绣在不同历史时期和社会阶层中的普及和发展，揭示其成为民族文化瑰宝的过程，吸引观众深入了解刺绣的历史渊源。

步骤02 文心一言生成的标题虽然都比较贴合主题，但并不出彩。这可能是因为提示词中提出的"吸引人"这一要求过于笼统，可以尝试提出更具体的要求，对话过程如下。可以看到，修改提示词后，文心一言生成的标题既简洁明了，又巧妙地融入了吸引人的词语和数字元素。这样精心设计的标题能够更好地激发观众对视频内容的期待和兴趣，促使他们点击观看。

> 我想要制作一个以"刺绣的历史渊源"为主题的视频，请帮我为这个视频生成5个标题，具体要求如下：
> 1．标题应该简洁明了，20字以内；
> 2．使用吸引人的词语，如"震惊""揭秘""独家"等；
> 3．可以适当使用数字，如"5个误区""3大技巧"等。

> 根据您的要求，以下是5个以"刺绣的历史渊源"为主题、简洁明了且包含吸引人词语的视频标题建议：
>
> 1．揭秘！刺绣千年历史的奥秘
>
> 使用"揭秘"一词增加神秘感，吸引观众深度探索刺绣的历史。
>
> 2．震惊！刺绣技艺的古老传承
>
> "震惊"一词强调内容的独特性和重要性，引发观众的好奇心。
>
> 3．独家视角：刺绣历史的五大里程碑
>
> "独家视角"和"五大里程碑"结合，既显示内容的独特性，又用数字概括关键节点。
>
> 4．刺绣史话：三千年针线艺术的演变
>
> 简洁明了地概述刺绣的悠久历史，用"三千年"这一数字吸引观众的注意。
>
> 5．探秘刺绣：千年工艺背后的故事
>
> "探秘"一词引导观众进入刺绣历史的探索之旅，同时强调背后的故事性。

03 根据故事情节撰写脚本提纲

在将已写好的故事情节拍摄成视频时，为了确保创作过程有序进行，需要先根据故事情节撰写脚本提纲，清晰地规划视频的结构、节奏和要点。本节将使用通义千问完成这项任务。通义千问是阿里云基于超大规模语言模型开发的 AI 助手，提供高质量的文本理解与生成服务。利用通义千问的长文档处理与分析能力，我们可以将故事情节存放在文档中并上传，这样可以让提示词变得简洁明了。

步骤01 用网页浏览器打开通义千问的首页（https://tongyi.aliyun.com/qianwen/），单击页面左下角的"立即登录"按钮，在弹出的登录框中按照说明进行登录。登录成功后，进入通义千问的工作界面，如图 1-3 所示。界面左侧列出了近期的对话记录，便于用户回顾和追踪交流内容；界面右侧中间是一些功能提示和示例问题，旨在引导用户更有效地进行提问；界面右侧底部是提示词输入框，用户可以在此处输入提示词，向通义千问提问或下达指令。

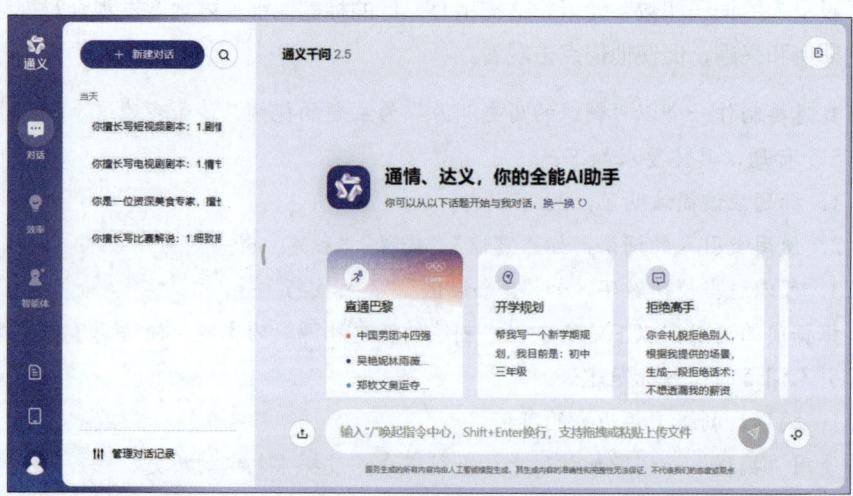

图 1-3

步骤02 这里需要让通义千问根据上传的文档内容撰写脚本提纲，因此，❶单击输入框左侧的 按钮，❷在弹出的菜单中单击"上传文档"选项，如图 1-4 所示。

图 1-4

步骤03 弹出"打开"对话框，❶在对话框中选中需要上传的文档，❷然后单击"打开"按钮，如图 1-5 所示。

图 1-5

步骤04 文档上传完毕后，在提示词输入框中输入提示词，要求通义千问根据文档中的故事情节撰写脚本提纲，对话过程如下。基于通义千问撰写的脚本提纲，我们可以利用后续章节中介绍的 AI 工具生成图片和视频，创作出紧密贴合故事内容、视觉效果丰富的视频作品。

> 你是一位视频脚本创作大师和视频拍摄专家，请根据此文档中的故事情节，撰写用于拍摄视频的脚本提纲。

> 当然可以！根据您提供的故事情节，我们可以设计一个引人入胜的视频脚本提纲。下面是一个脚本提纲示例：
>
> 一、视频标题
> 《幽影秘录：暗影织者的召唤》
>
> 二、目标观众
> 年轻学生、奇幻文学爱好者、冒险电影粉丝
>
> 三、视频长度
> 15～20 分钟
>
> 四、视频风格
> 神秘、冒险、略带悬疑
>
> 五、视频结构
>
> 1．开场（0:00—1:00）
> • 镜头 1：图书馆内部，阳光从窗外透入，营造出温馨而宁静的氛围。
> • 镜头 2：林浅在整理书籍，特写镜头展示她的专注。
> • 镜头 3：特写《幽影秘录》封面，旁白介绍这本书的来历。
>
> 2．发现古籍（1:00—3:00）
> • 镜头 4：林浅打开书本，展现书中的插图和文字。
> • 镜头 5：林浅阅读时的表情变化，表现出好奇心和兴奋。
>
> 3．准备探险（3:00—5:00）
> • 镜头 6：林浅研究地图，计划探险路线。
> • 镜头 7：准备装备，包括手电筒、背包等。

AI 文本创作：生成视频脚本与文案　007

4. 夜晚探险（5:00—9:00）
- 镜头8：夜景，林浅穿过树林，使用手电筒照亮道路。
- 镜头9：紧张气氛，风吹动树叶的声音，特写林浅的表情。
- 镜头10：找到石洞入口，林浅进入洞穴。

5. 石洞探索（9:00—12:00）
- 镜头11：洞穴内的光线变化，林浅沿着发光石路前进。
- 镜头12：发现祭坛和宝石，特写宝石的细节。

6. 暗影织者的出现（12:00—15:00）
- 镜头13：暗影织者成员出现，特写他们的装束和表情。
- 镜头14：对话场景，暗影织者向林浅解释其使命。

7. 结尾（15:00—20:00）
- 镜头15：林浅接受传承，学习如何使用力量。
- 镜头16：林浅在图书馆，现在作为新的暗影织者之一。
- 镜头17：结尾画面，林浅望向远方，暗示未来的冒险。
- 镜头18：字幕滚动，感谢参与演出的人员和技术团队。

六、音乐与音效
- 使用神秘而引人入胜的背景音乐来增强氛围。
- 在关键时刻使用音效来增加紧张感，如风吹树叶声、脚步声等。

七、后期制作
- 添加适当的视觉特效来增强神秘感，如发光效果、粒子效果等。
- 进行色彩调校，确保场景之间的连贯性和视觉美感。

以上是基本的视频脚本提纲，您可以根据实际情况进行调整和扩展。如果需要进一步细化每个镜头的具体内容或对话，也可以告诉我，我会提供更多的细节。

04 撰写脚本，指导视频拍摄

在撰写视频脚本时，如果一时缺乏具体的想法，可以将视频的主题或内容概要提供给通义千问，让其自由发挥创意，撰写完整的脚本，作为进一步创作的基础和灵感来源。本节将使用通义千问为一部宣传片撰写脚本。

步骤01 打开通义千问的工作界面，进行如下所示的对话。

你是一位才华横溢的视频脚本创作大师。你的任务是为某科技园区的宣传片撰写一个脚本，具体要求如下：

1. 要包含镜头、旁白、场景、音乐等内容；

2. 时长控制在3分钟左右；

3. 要彰显园区的创新活力与前沿科技成果。

当然可以！为了更好地呈现这个科技园区的创新活力和前沿科技成果，我们可以设计一个充满动感和未来感的脚本。下面是一个概要性的脚本框架，包括镜头切换、旁白、场景描述和音乐建议。

一、视频结构

1. 片头（0:00—0:15）

镜头：从高空俯瞰整个园区，慢慢拉近镜头至园区入口处。

旁白：在这个时代，科技创新正在引领未来的方向。

场景：随着镜头拉近，展示园区入口处的标志性建筑和雕塑，周围绿树环绕，环境优美。

2. 园区介绍（0:15—0:45）

镜头：快速切换园区内部各个角落的画面，包括现代化的办公大楼、实验室、休闲区、咖啡厅等。

旁白：欢迎来到××科技园区，这里汇聚了来自不同领域的专家和技术人才，他们在这里共同探索前沿技术，激发新的可能性。

场景：通过无人机拍摄，展现园区内繁忙而有序的工作场景，员工们热情地交流着。

3. 创新成果展示（0:45—1:45）

镜头：特写镜头捕捉到科研人员在实验室中忙碌的身影，以及他们手中的高科技产品原型。

旁白：在这里，每一天都有新的想法诞生，每一刻都在创造未来。

场景：

• 科学家们在进行机器人技术的研发，智能机器人在实验室里进行各种测试。

• VR/AR技术的演示，人们戴着VR眼镜体验虚拟现实世界。

• 无人驾驶汽车在园区内的专用道路上行驶。

• 人工智能助手与用户互动的情景。

• 生物技术实验室里正在进行基因编辑的研究。

4. 创业者故事（1:45—2:15）

镜头：切换到几位年轻的创业者在办公室讨论项目或与投资人会面的画面。

旁白：每一位创业者的故事都是独一无二的，但他们都有着共同的目标——改变世界。

场景：

• 创业者们在会议室里进行头脑风暴。

AI文本创作：生成视频脚本与文案　009

- 展示初创公司的产品原型或模型。
- 年轻的创业者与创业导师进行热烈交流,得到宝贵的建议。

5. 园区生活(2:15—2:45)

镜头:展示园区内的休闲娱乐设施,如健身房、篮球场、咖啡厅等。

旁白:工作之余,这里也是一个充满活力的生活社区。

场景:
- 员工们在健身房锻炼身体。
- 一群朋友在园区内的咖啡厅享受下午茶时光。
- 家庭在周末于园区内的公园野餐。

6. 结尾(2:45—3:00)

镜头:再次回到园区全景,太阳缓缓落下,园区灯光渐次亮起。

旁白:无论你是梦想家还是实干家,在××科技园区,总有一片天地属于你。

场景:最后以园区夜景作为结束画面。

二、音乐建议

- 开头:轻松愉快的电子音乐,营造期待感。
- 中间:根据场景变化,使用不同的背景音乐,例如,在展示高科技产品时使用更具科技感的旋律。
- 结尾:转为温暖而宁静的旋律,并逐渐淡出,让观众带着美好的印象离开。

这个脚本只是一个基本框架,可以根据实际需求进一步调整和完善。希望它能为你提供一些灵感!

步骤02 如果脚本中有不符合期望和要求的地方,可以让通义千问进行针对性的修改和优化,对话过程如下。通过类似的方式,我们可以进一步提升脚本的质量。

👤 脚本中的"创业者故事"部分提到创业者的共同目标是"改变世界",这个目标显得过于宏大,不够具体,请修改。

🤖 非常好的建议,"改变世界"对于某些观众来说可能确实过于宏大或不够具体。我们可以将其替换为更加具体和贴近现实的目标描述。以下是修改后的部分脚本段落:

4. 创业者故事(1:45—2:15)

镜头:切换到几位年轻的创业者在办公室讨论项目或与投资人会面的画面。

旁白:每一位创业者的故事都是独一无二的,但他们有着共同的梦想——用创新推动社会进步,让生活变得更加美好。

场景:
- 创业者们在会议室里进行头脑风暴。

- 展示初创公司的产品原型或模型。
- 年轻的创业者与创业导师进行热烈交流，得到宝贵的建议。

这样的描述更具体地指出了创业者们希望通过他们的努力来解决现实生活中的问题，并以此来提升人们的生活质量。这既体现了他们的抱负，也更加贴近观众的实际感受。

05 撰写分镜脚本，合理安排要素

分镜脚本用于详细规划每个镜头的细节，以确保作品的连贯性和艺术性。本节将使用智谱清言为一部预告片撰写视频分镜脚本。智谱清言是一款生成式 AI 助手，具备出色的文本理解能力和生成能力，拥有庞大的知识库和先进的算法，能够迅速检索和分析信息，为用户提供准确、详尽的答案，满足多样化的需求。

步骤01 用网页浏览器打开智谱清言的首页（https://chatglm.cn/），单击页面中的"立即体验"按钮，如图 1-6 所示。在弹出的登录框中按照说明进行登录，其登录方式与文心一言和通义千问等 AI 工具类似，此处不再赘述。

图 1-6

步骤02 登录成功后，进入智谱清言的工作界面，如图 1-7 所示。用户可以在界面底部的提示词输入框中输入提示词，向智谱清言提问或下达指令。如果不知道如何描述自己的需求，可以使用界面右侧"灵感大全"中的提示词模板，其涵盖了数百个应用场景，能满足学生、家长、老师、职场人、程序员、自媒体人等多个群体的学习和工作需求。

图 1-7

步骤03 接下来要求智谱清言为一部预告片撰写分镜脚本，对话过程如下。

> 你是一位 AI 视频制作专家，请为一部主题为"冰火纪元：战歌崛起"的预告片设计 10 个分镜，每个分镜需包括镜号、画面描述、景别、运镜、旁白、字幕、音效、时长，并以表格形式输出。

> 以下是用表格形式（见表 1-1）展示的视频分镜脚本内容。这个表格可作为视频制作团队的工作参考，确保每个分镜的细节都得到妥善处理。

表 1-1

镜号	画面描述	景别	运镜	旁白	字幕	音效	时长（秒）
01	一片沉寂的荒原，突然从冰层裂缝中喷出火焰	大远景	静态镜头，随后缓慢拉近	在这片荒芜的大地之下，隐藏着古老的力量	冰火纪元 神秘觉醒	冰层开裂声、火焰喷发声	6
02	一群身着冰霜铠甲的战士在雪地中行进	中景	横移镜头，跟随战士队伍	他们，是这座冰封王国的守护者	战歌崛起 勇士出征	脚步声、铠甲摩擦声	4
03	一位长发飘逸的女巫在寒风中吟唱咒语	特写	镜头旋转，聚焦女巫眼部	她，掌握着冰霜的魔法	魔法觉醒 冰封之力	风声、咒语低吟	3

续表

镜号	画面描述	景别	运镜	旁白	字幕	音效	时长（秒）
04	一条巨大的火龙在夜空中翱翔，留下火红的尾迹	全景	从下往上的仰拍镜头	而它，是火焰的化身，带来毁灭与重生	火焰巨龙毁灭之翼	龙吟声、火焰燃烧声	5
05	战士与火龙在空中激烈交战，火花四溅	近景	快速剪辑，展现战斗瞬间	战斗，是为了信仰，为了家园	空中激战信念之光	剑刃相交声、火焰爆裂声	4
06	女巫在战场上施展冰雪魔法，形成防御屏障	中景	慢动作，展现魔法效果	她的魔法，是守护的屏障	魔法屏障守护之光	冰雪凝结声、能量释放声	4
07	火龙被战士们的联合攻击击中，发出震天的怒吼	特写	镜头快速拉近，聚焦火龙眼部	即使是巨龙，也有屈服的时刻	巨龙受创怒吼震天	龙吟声、战斗冲击声	3
08	战士们围成一圈，共同庆祝胜利	全景	环绕镜头，展现战士们的团结	胜利的喜悦，属于每一位勇士	战歌嘹亮胜利在望	欢呼声、战鼓声	5
09	女巫和战士领袖相视一笑，背景是和平的村庄	中景	推镜头，聚焦两人笑容	和平，是他们共同的愿望	和平之光照耀大地	轻柔的音乐声	4
10	画面渐变为电影标题"冰火纪元：战歌崛起"，随后出现上映日期	特写	静态镜头，随后淡出	冰火纪元：战歌崛起，即将上映	敬请期待	预告片主题曲，逐渐增强	6

06 撰写直播带货脚本

　　直播带货是一种新兴的电商营销方式，具有互动性强、展示效果直观、转化率高等诸多优势。直播带货脚本是整个直播活动的核心，它详细规划了直播的各个环节，能够指导相关人员在直播过程中有条不紊地展示产品、解答疑问、引导购买，从而提升直播效果和销售业绩。本节将使用讯飞星火为一款肩颈按摩仪撰写直播带货脚本。讯飞星火是由科大讯飞推出的新一代认知智能大模型，拥有跨领域的知识和语言理解能力，能够以自然对话的方式理解和执行任务。

步骤01 用网页浏览器打开讯飞星火的首页（https://xinghuo.xfyun.cn/），单击页面中的"开始对话"按钮，如图1-8所示，然后按照页面中的说明进行登录。

图 1-8

步骤02 登录成功后，进入讯飞星火的工作界面，如图1-9所示。在界面底部的提示词输入框中输入提示词，单击"发送"按钮，即可开始对话。如需创建新对话，可单击界面左上角的"新建对话"按钮。

图 1-9

步骤03 接下来就可以要求讯飞星火撰写直播带货脚本，对话过程如下。

你是一位资深带货主播，请根据以下商品信息和要求撰写一段直播带货脚本。

商品名称：肩颈按摩仪

商品特点：模仿真人强劲揉捏、加长加宽按摩爪、无线背扣式穿戴

内容要求：

1. 突出产品优势；

2. 使用口语化的语言风格；

3. 简洁明了，避免使用不必要的词语或句子；

4. 不要用"首先、其次、最后"的模式。

直播带货脚本：

大家好，欢迎来到我的直播间！今天我为大家带来的是一款超级实用的健康好物——肩颈按摩仪！如果你跟我一样经常久坐办公，或者感觉肩颈僵硬不适，那么你一定不能错过这款神器哦！

这款按摩仪的最大亮点就是它能模仿真人的强劲揉捏手法。我们知道，平时工作学习累了，肩颈酸痛那是常有的事。去按摩店？太贵了！找真人按摩？又麻烦！现在，有了这款肩颈按摩仪，随时随地都能享受到专业的按摩体验哦！

你们有没有觉得一般的按摩仪总是按不到你想按的地方？别担心，这款按摩仪特别设计了加长加宽的按摩爪，能够覆盖更广的区域，从颈部到背部，甚至是腰部，统统都能轻松搞定。

特别值得一提的是，这款按摩仪还是无线背扣式穿戴设计，使用起来超级方便。不管是在家里沙发上看电视，还是在办公室工作的时候，都可以戴着它，完全不用担心电线缠绕的问题，自由自在地享受按摩的乐趣。

朋友们，这样的好物你还等什么呢？现在下单还有超值优惠哦！给自己、给家人一个健康的肩颈，从此远离肩颈疼痛的困扰。快来抢购吧，数量有限，先到先得哦！记得关注我们，更多好货等着你！

2 AI 图像生成：绘制视频所需画面 ▶

在创作视频时合理运用图像，能够提升作品的视觉层次和内容丰富度。过去，视频创作者获取素材图像的途径通常是购买图库或者自行拍摄和绘制，成本十分高昂。如今，随着技术的不断进步，视频创作者可以借助先进的 AI 工具，快速而精准地生成各类满足创意需求的素材图像，这不仅极大地降低了成本，而且提高了创作的效率和灵活性。本章将讲解如何使用 AI 工具生成和编辑视频创作所需要的素材图像。

01 生成大气恢宏的游戏插图

在游戏解说类视频中，观众常常能欣赏到一系列大气磅礴、细节精致的游戏插图。在过去，这些图像是由艺术家们耗费大量时间与精力绘制而成的。如今，我们借助先进的 AI 图像生成工具（如文心一格），就能轻松创作这类游戏插图。文心一格是百度依托飞桨和文心大模型的技术创新推出的 AI 艺术和创意辅助平台，可驾驭国风、水彩、动漫、写实等多种艺术风格。用户只需输入简单的描述文字，文心一格就能快速生成创意画作。

步骤01 用网页浏览器打开文心一格的首页（https://yige.baidu.com/），单击页面顶部的"AI 创作"按钮，如图 2-1 所示。

图 2-1

步骤02 进入"AI 创作"页面，❶在页面左侧的提示词输入框中输入提示词，如"古代城池，建筑群，层峦叠嶂，云雾缭绕，策略游戏，高清画质，增强细节，正视图，俯视，游戏贴图"，❷然后单击"画面类型"下方的"更多"按钮，以选择生成画面的风格，如图 2-2 所示。

步骤03 展开更多画面类型，❶单击选择一种画面风格，如"艺术创想"，❷单击下方的"收起"按钮，如图 2-3 所示。

图 2-2

图 2-3

步骤04 继续设置其他参数。❶单击"比例"下方的"横图"按钮,选择能营造广阔感的横幅构图,❷向左拖动"数量"滑块,将该参数设置为 1,❸单击"立即生成"按钮,如图 2-4 所示。

步骤05 等待片刻,文心一格会根据输入的提示词和设置的参数生成一幅图像,如图 2-5 所示。

图 2-4

图 2-5

AI 图像生成:绘制视频所需画面 017

02 生成写实风格的场景图

在制作电商视频时，常常需要借助场景图来展示商品，然而，实际操作中面临着拍摄成本高、场地资源少等挑战。本节将使用 Vega AI 生成高质量的写实风格场景图，实现降本增效。Vega AI 是由右脑科技推出的 AI 绘画平台，具备强大的生成能力和简单易用的操作界面，支持文生图、图生图、条件生图等多种绘画模式。

步骤01 用网页浏览器打开 Vega AI 的首页（https://vegaai.art/），单击页面左侧的"文生图"按钮，如图 2-6 所示。

步骤02 进入"文生图"页面，在页面底部的提示词输入框上方会随机显示一条预设提示词，单击 按钮可进行刷新，单击预设提示词则可将其填入框中。这里不使用预设提示词，而是输入根据创作需求自行编写的提示词，如"自然类微观场景，鲜花，石头，波光粼粼的水面，明亮的光线，梦幻的色调，丰富的细节，佳能相机拍摄，焦点在画面中心"，如图 2-7 所示。

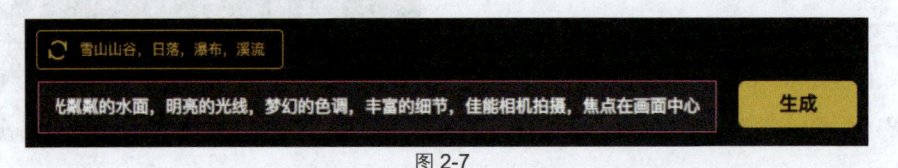

图 2-6

图 2-7

步骤03 输入提示词后，接着选择风格模型。❶切换至"风格模型"选项卡，❷在搜索框中输入关键词，如"风景"，如图 2-8 所示，按〈Enter〉键进行搜索。

步骤04 这里需要生成写实场景图，因此，❶在搜索结果中单击选择"写实风景"模型，❷拖动下方的滑块，调整模型的应用强度，如图 2-9 所示。

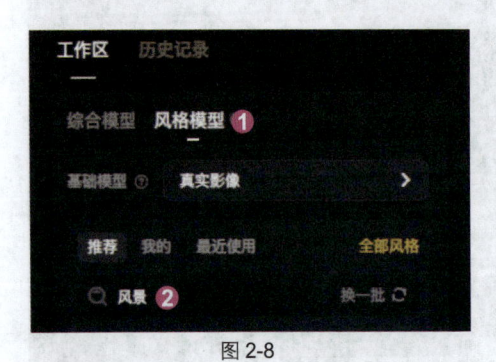

图 2-8

图 2-9

步骤05 单击提示词输入框右侧的"生成"按钮，等待片刻，Vega AI 会根据输入的提示词和所选的模型生成两幅图像，效果如图 2-10 和图 2-11 所示。

图 2-10

图 2-11

步骤06　如果对使用提示词生成的图像不满意，可以用自己喜欢的参考图指导 Vega AI 进行创作。❶单击页面左侧的"图生图"按钮，进入"图生图"页面，❷单击"点击上传"按钮，如图 2-12 所示。❸在弹出的"打开"对话框中选中参考图，❹然后单击"打开"按钮，如图 2-13 所示。

图 2-12

图 2-13

提示

在"图生图"页面中，可以通过拖动右侧"基础设置"选项组中的"编辑强度"滑块来控制生成图像与参考图的相似度。设置的参数值越小，生成的图像与参考图相似度越高；反之，生成的图像与参考图相似度越低。

步骤07　参考图上传成功后，❶页面中会显示参考图的预览效果，❷在页面底部的提示词输入框中输入与步骤02相同的提示词，❸单击"生成"按钮，如图 2-14 所示。

图 2-14

步骤08 等待片刻，Vega AI 会根据上传的参考图和输入的提示词生成两幅图像，效果如图 2-15 和图 2-16 所示。

图 2-15 　　　　　　　　　　　　　　　　图 2-16

03 生成精致的产品设计图

在以产品展示、深度评测、广告宣传或电商推广为核心内容的视频中，高质量的产品图片扮演着至关重要的角色。它们不仅是吸引观众眼球的关键，更是传递产品信息、塑造品牌形象的重要载体。如果缺乏设计灵感或没有满足特定需求的产品图片，可以借助 AI 工具生成产品设计图。本节将使用通义万相生成精致的产品设计图。通义万相是阿里云通义系列的 AI 绘画大模型，能够生成多种风格的图像。

步骤01 用网页浏览器打开通义万相的首页（https://tongyi.aliyun.com/wanxiang/），单击左侧的"文字作画"按钮，如图 2-17 所示。然后按照页面中的说明进行登录。

图 2-17

步骤02 进入"文字作画"界面后，❶在左上角可以选择模型的版本，这里选择默认的"万相 2.0 极速"版本，❷在提示词输入框中输入提示词，这里先输入产品名称"头戴式耳机"，❸然后单击输入框底部的"咒语书"按钮，展开相应的面板，❹单击"色彩"标签，❺再依次单击"莫兰迪色调"按钮和"荧光色"按钮，❻这两个关键词即被添加至提示词输入框，如图 2-18 所示。

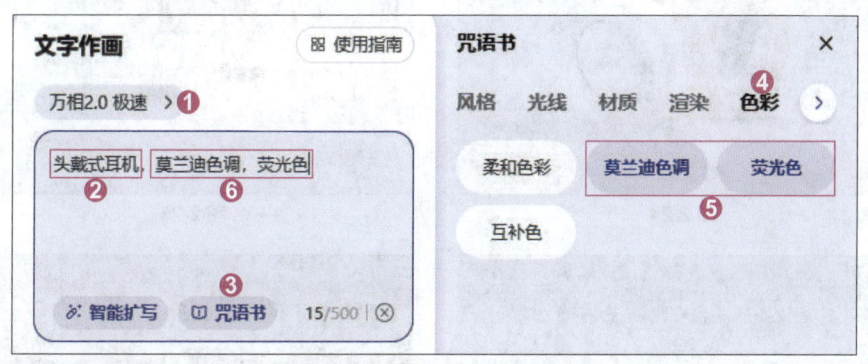

图 2-18

步骤03 使用相同的方法继续添加关键词，包括"材质"下的"磨砂玻璃"、"光线"下的"摄影棚照明"、"渲染"下的"Octane"，如图 2-19 至图 2-21 所示。

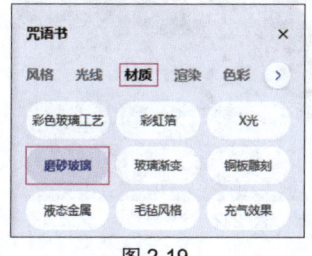

图 2-19 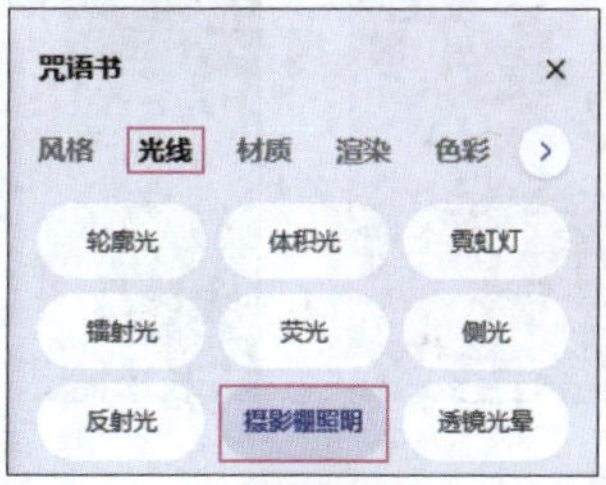　　　　　图 2-20 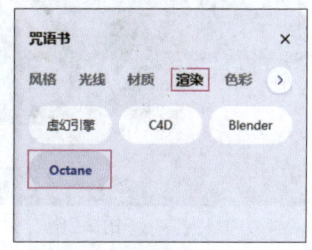　　　　　图 2-21

AI 图像生成：绘制视频所需画面　**021**

步骤04 继续完善提示词，❶手动输入"明亮的，透明技术感，极简主义，白色背景"，如图2-22所示，❷完成后单击"生成画作"按钮，如图2-23所示。

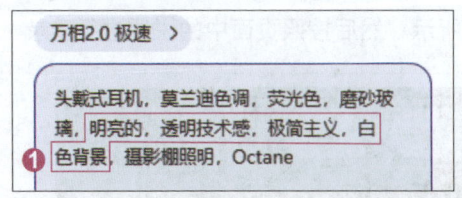

图 2-22

图 2-23

步骤05 等待片刻，通义万相会根据提示词生成4幅图像，效果如图2-24至图2-27所示。将鼠标指针放在图像上，单击"下载"按钮，即可将图像下载至本地硬盘。

图 2-24

图 2-25

图 2-26

图 2-27

04 生成色泽诱人的美食图片

美食类视频中琳琅满目的菜肴展示，不仅能勾起观众的食欲，更能激发他们对烹饪的兴趣。本节将使用秒画生成色泽诱人的美食图片。秒画是商汤科技基于自研的 Artist 大模型开发的一款 AI 绘画工具，用户只需输入文本提示词或上传参考图，即可快速生成高质量的画作。

步骤01 用网页浏览器打开秒画的首页（https://miaohua.sensetime.com/），单击"开始创作"按钮，如图 2-28 所示，然后按照页面中的说明完成登录。

图 2-28

步骤02 登录成功后，进入"AI 在线绘图"页面，可以看到"选择基模型"下方默认为"Artist v1.0 Alpha"模型，单击该模型，如图 2-29 所示。

步骤03 弹出"选择基模型"对话框，将鼠标指针放在想要使用的基本模型的缩略图上，如"Artist v0.5.0 Alpha"模型，单击缩略图上显示的"使用此模型"按钮，如图 2-30 所示。

图 2-29

图 2-30

步骤04 ❶在右侧的提示词输入框中输入提示词，如"新鲜的鳕鱼块，放在白色的瓷盘上，鱼肉表面金黄酥脆，内部鲜嫩多汁，旁边摆放着一些蔬菜和香草，色彩鲜艳，暖色调，微距镜头，浅景深，自然光"，❷单击"生图比例"下的"自定义"按钮，❸将"宽"和"高"分别设置为 1920 和 1080，❹单击"生成数量"下的"4"按钮，❺单击"立即生成"按钮，如图 2-31 所示。

AI 图像生成：绘制视频所需画面 023

图 2-31

步骤05 等待片刻，秒画便会根据输入的提示词和设置的参数快速生成 4 幅图像，如图 2-32 至图 2-35 所示。

图 2-32

图 2-33

图 2-34

图 2-35

步骤06 还可以将生成的图像作为参考图，继续生成更多相似的图像。这里将鼠标指针放在步骤 05 生成的第 2 幅图像上，❶单击"以此图生图"按钮，❷该图像会被添加至左侧的"图生图"区域，如图 2-36 所示。

图 2-36

步骤07 单击"立即生成"按钮,稍等片刻,秒画便会根据所选的参考图重新生成 4 幅图像,效果如图 2-37 至图 2-40 所示。可以看到这 4 幅图像都是对参考图的细节进行了微调。如果想要生成差别较大的图像,需向右拖动参考图右侧的"重绘幅度"滑块,为其设置较大的参数值。

图 2-37

图 2-38

图 2-39

图 2-40

> **提示**
>
> AI 图像生成具备一定的随机性和不确定性,有时需要反复生成多次,才能获得基本符合预期的图像。如果多次尝试后仍未获得期望的效果,则需要修改提示词,如增加具体描述、调整词汇顺序或删除冗余信息等,以更精确地引导 AI 生成图像。

05 生成逼真的虚拟人物形象

数字人是指运用数字技术创造出来的、与人类形象接近的数字化人物形象。在短视频制作中运用数字人技术,可以省去高昂的演员薪酬和化妆造型费用,这对于预算有限的创作者来说无疑是一个极具吸引力的选择。本节将使用无界 AI 生成逼真的虚拟人物形象,作为制作数字人的素材。无界 AI 是一款综合性 AI 绘画工具,提供提示词和 AI 画作的搜索、创作、交流与分享的一站式服务。它的"咒语生成器"功能提供人物、角色、五官、表情、装饰、服装、环境等多种描述维度,并预设了丰富的描述词,能够帮助新手用户更轻松地描述自己的创作需求。

AI 图像生成:绘制视频所需画面　025

步骤01　用网页浏览器打开无界 AI 的首页（https://www.wujieai.com/），单击页面顶部的"AI 创作"按钮，如图 2-41 所示。

图 2-41

步骤02　进入"AI 创作"页面，默认选择"通用模型"，可以在"画面描述"文本框中输入提示词，这里选择使用"咒语生成器"功能生成提示词。单击文本框右上方的"标签生成器"按钮，如图 2-42 所示。

图 2-42

步骤03　弹出标签生成器窗口，❶切换至"咒语生成器"选项卡，❷单击"人物"标签，下方会显示与人物相关的描述词，❸单击"女性 female"按钮，将主体设置为一名女性人物，如图 2-43 所示。

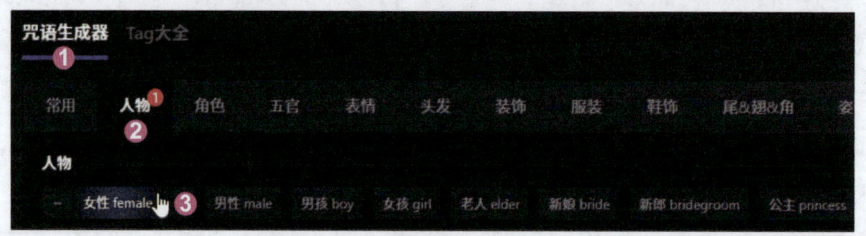

图 2-43

步骤04　❶单击"角色"标签，❷然后单击"老师 teacher"按钮，将人物的角色设置为老师，如图 2-44 所示。

图 2-44

步骤05 继续使用相同的方法添加更多描述词，❶所选的描述词会显示在右侧的文本框中，❷完成后单击"前往创作"按钮，如图2-45所示。

图2-45

步骤06 返回"AI创作"页面，❶在"画面描述"文本框中会显示步骤05中生成的提示词，如有必要，可对其进行手动修改，❷单击"画面大小"下的"3：4社交媒体"按钮，设置生成图像的长宽比，如图2-46所示。

图2-46

步骤07 单击"模型主题"下的"更多"按钮，如图2-47所示。

图2-47

步骤08 弹出"模型主题"对话框，❶在对话框中单击"通用模型"下的"私人影像"模型，❷单击"确定"按钮，如图2-48所示，选择模型主题。

步骤09 ❶在"标签选择"下依次单击"超现实照片""肖像摄影""女士形象写照"按钮，设置生成图像的标签，❷单击"高级设置"右侧的开关按钮，如图2-49所示，启用"高级设置"。

AI 图像生成：绘制视频所需画面 027

图 2-48

图 2-49

> **提示**
>
> 　　启用"高级设置"后,用户可以通过输入负向提示词来减少最终生成图像的缺陷,并且可以通过上传风格参考图、角色参考图、结构参考图等多种类型的参考图,更加精准地指导 AI 进行创作。此外,通过拖动"参考强度"滑块,可以调整参考图对最终生成图像的影响程度。

步骤10　AI 生成的图像可能会出现扭曲、失真、模糊等缺陷,可通过输入负向提示词来减少这类缺陷,从而有效地提高生成图像的质量。在"负面描述"文本框中输入负向提示词,如"丑陋、平铺、画得不好的手、画得不好的脚、画得不好的脸、超出画面、多余的肢体、毁容、畸形、身体超出画面、解剖错误、水印、签名、截断、低对比度、曝光不足、曝光过度、糟糕的艺术、初学者、业余、变形的脸、模糊、草稿、颗粒感",如图2-50所示。

图2-50

步骤11 单击"融合模型"下的"更多"按钮,如图2-51所示。

图2-51

步骤12 弹出"融合模型"对话框,❶切换到"人物"选项卡,❷单击"亚洲脸女-1"模型,❸单击"-"按钮或直接输入数值,将融合程度设置为0.3,如图2-52所示。

图2-52

步骤13 继续使用相同的方法,❶依次单击"亚洲脸女-2""亚洲脸女-3""人脸融合-1"模型,并调整融合程度,❷完成后单击"确定"按钮,如图2-53所示。

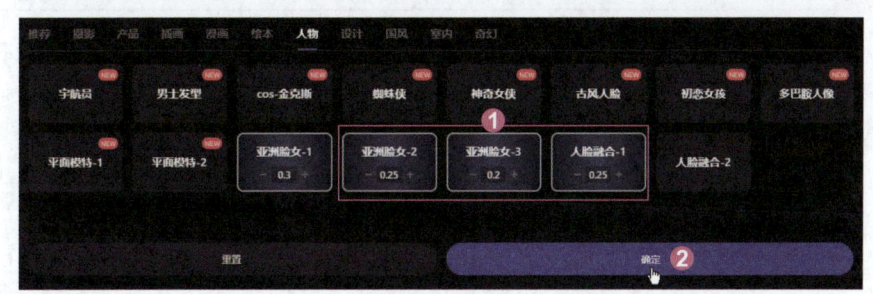

图2-53

AI 图像生成:绘制视频所需画面 029

步骤14 返回"AI 创作"页面，❶将"作图数量"设置为 2，❷单击"立即生成"按钮，如图 2-54 所示。

图 2-54

步骤15 稍等片刻，无界 AI 便会根据提示词和设置的参数生成两幅图像，如图 2-55 和图 2-56 所示。单击右侧的"下载"按钮，即可下载并保存这些图像。

图 2-55 　　　　　　　　　　图 2-56

06 抠取图像获得主体元素

在视频制作过程中，当仅需使用图片中的主体而不需要周围的陪体和背景时，就需要进行抠图操作。过去，这项任务依赖于 Photoshop 等专业的图像处理软件，不仅操作复杂、耗时，还要求操作者具备较高的技能水平。如今，借助 AI 工具，我们可以更加轻松高效地完成抠图任务。本节将使用佐糖快速完成抠图。佐糖是一个一站式的在线图片处理平台，提供多项基于 AI 技术开发的图片编辑功能，包括一键抠图、合成背景、画质提升、无损放大、瑕疵消除、老照片修复、黑白照片上色等。

步骤01 用网页浏览器打开佐糖的首页（https://picwish.cn/），单击页面右上角的"登录/注册"按钮，如图2-57所示，按照页面中的说明完成登录。

图2-57

步骤02 登录成功后，进入佐糖的主页。单击"AI工具"下的"AI在线抠图"按钮，如图2-58所示。

图2-58

步骤03 弹出"打开"对话框，❶选中需要处理的素材图像，❷单击"打开"按钮，如图2-59所示。

图2-59

步骤04 稍等片刻，❶AI会自动识别素材图像中的主体并去除背景，❷单击右侧的"下载图片"按钮，❸在弹出的列表中选择所需的画质和格式，如图2-60所示，即可下载处理后的图像。需要注意的是，付费会员才能下载"高清画质"的图像。

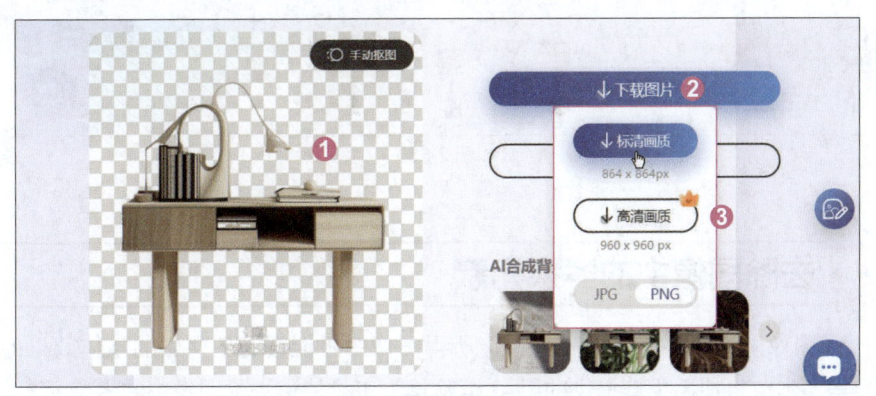

图2-60

AI图像生成：绘制视频所需画面　031

步骤05　如果需要批量抠取图像，则返回佐糖的主页，单击"图片编辑"下的"批量抠图"按钮，如图 2-61 所示。

步骤06　弹出"打开"对话框，❶找到存储素材图像的文件夹，❷按住〈Ctrl〉键依次单击选中需要处理的多张素材图像，❸单击"打开"按钮，如图 2-62 所示。

图 2-61

图 2-62

步骤07　随后 AI 会自动识别所有上传图像中的主体并去除背景。单击"颜色"下的色块，可为抠取的图像指定新的背景色。这里单击白色色块，如图 2-63 所示，批量为图像添加白色背景。

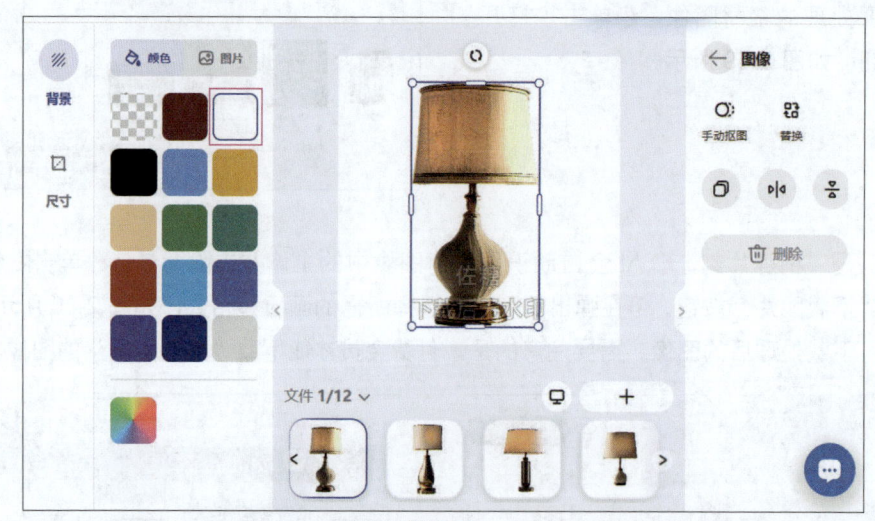

图 2-63

07　去除图像中的多余元素

AI 图像生成存在一定的随机性，所得图像中可能会有一些影响整体效果的多余元素。本节将使用佐糖提供的"AI 消除笔"工具快速去除图像中的多余元素。

步骤01　打开佐糖的主页,单击"AI 工具"下的"AI 消除笔"工具,如图 2-64 所示。

步骤02　弹出"打开"对话框,❶选中需要处理的素材图像,❷单击"打开"按钮,如图 2-65 所示。

图 2-64

图 2-65

步骤03　❶单击左侧的"框选"按钮,❷在图像中拖动,框选所有需要去除的元素,❸单击左侧的"开始去除"按钮,如图 2-66 所示。

图 2-66

> **提示**
>
> 　　除了"框选"方式,"AI 消除笔"工具还提供"笔刷"和"套索"这两种选取多余元素的方式,用户可根据多余元素的形状灵活选择选取方式。如果要删除选取的区域,可将鼠标指针放在该区域上,然后单击 ✕ 按钮。

步骤04　稍等片刻,AI 会自动去除所选区域内的多余元素,并智能填充合理的内容。❶单击右上角的"保存"按钮,❷在弹出的列表中选择所需的画质,如图 2-67 所示,即可下载处理后的图像。

AI 图像生成:绘制视频所需画面　033

图 2-67

08 智能扩图，灵活更改图像画幅比例

当素材图像的尺寸与视频的尺寸不匹配时，如果采用缩放的方式来处理，可能会导致画面出现失真、模糊或关键元素被裁剪等问题，从而影响作品质量。为了解决这一问题，可以利用 AI 工具进行智能扩图。本节将以美图设计室为例进行讲解。

步骤01 用网页浏览器打开美图设计室的首页（https://www.designkit.com/），单击"图像处理"下的"AI 扩图"工具，如图 2-68 所示。

步骤02 弹出如图 2-69 所示的对话框，单击其中的"上传图片"按钮。

图 2-68

步骤03 弹出"打开"对话框，❶选中需要处理的素材图像，❷单击"打开"按钮，如图 2-70 所示。

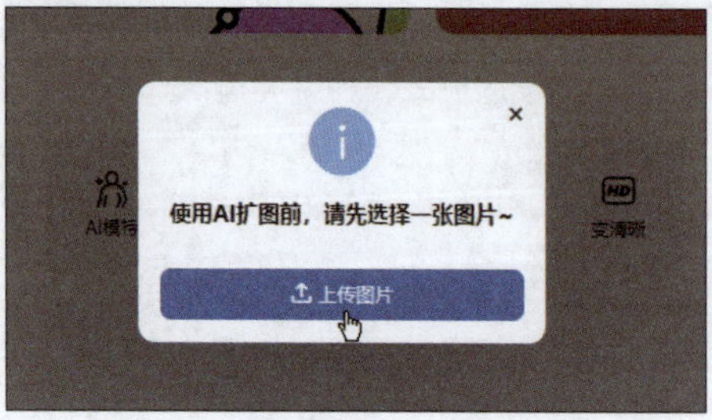

图 2-69 　　　图 2-70

034　剪映+AI 短视频制作从入门到精通

步骤04 进入"AI扩图"界面，❶拖动滑块，将"扩展尺寸"设置为150%，❷单击"扩展比例"下的"16∶9"按钮，设置扩展后图像的长宽比，❸页面右侧的画布会相应变化，❹单击"立即生成"按钮，如图2-71所示。

图 2-71

步骤05 稍等片刻，AI会根据上述设置生成4幅扩展图像。❶在左侧单击某一幅图像的缩略图，❷在右侧会显示图像的效果，如果对其感到满意，❸单击右上角的"下载"按钮，如图2-72所示，即可下载并保存该图像。

图 2-72

09 无损放大获得高清画质

美图设计室作为美图秀秀倾力打造的一站式智能设计在线协作平台，集合了

AI 图像生成：绘制视频所需画面　035

多元化的 AI 作图功能，除了之前提及的 AI 扩图，还包括无损放大、商品图优化、多余元素消除、智能抠图等。本节将使用其中的无损放大来获取高品质的图片。

步骤01　在美图设计室的首页单击"图像处理"下的"无损放大"工具，如图 2-73 所示。

步骤02　进入"无损放大"页面，将素材图像拖动到"上传图片"区域，如图 2-74 所示。也可单击"上传图片"按钮，在弹出的"打开"对话框中选择图像。

图 2-73

图 2-74

步骤03　松开鼠标，开始上传图像，上传完毕后进入工作界面。❶单击"放大 4 倍"按钮，设置放大倍数，❷单击"放大图片"按钮，❸随后 AI 会按照设置的倍数放大图像，并以左右并排的形式对比显示放大前后的图像，❹在放大后图像的右上方会显示该图像的尺寸，❺单击右上角的"下载"按钮，可下载放大后的图像，如图 2-75 所示。

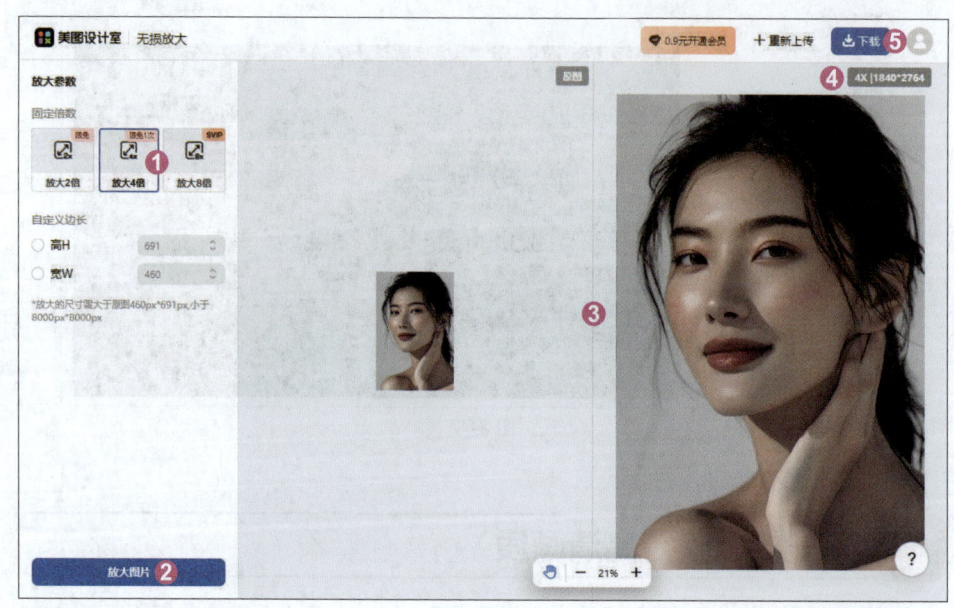

图 2-75

3 AI 音视频生成：获取多样素材 ▶

要构建一个完整且富有吸引力的视频作品，仅有文案和图片素材是远远不够的，还需要巧妙地融入视频素材和音频素材。视频素材能够带来动态的画面流动，增强叙事的连贯性和观众的沉浸感；而音频素材，包括背景音乐、音效、旁白或对话等，则能丰富作品的情感表达，提升观众的听觉体验，使作品内容更加饱满和立体。本章将会讲解如何使用 AI 工具生成视频创作中所需的视频和音频素材。

01 用提示词生成视频素材

使用 AI 工具能够便捷而高效地获得高质量的视频素材，同时大幅降低制作成本。本节将使用一帧秒创生成视频素材。一帧秒创是基于新壹视频大模型和一帧 AIGC 智能引擎开发的内容生成平台。它的 AI 视频功能可根据用户输入的提示词生成视频内容，极大地简化了视频创作的流程。该功能还支持多种画面长宽比，能够轻松适配不同短视频平台的技术要求。

步骤01 用网页浏览器打开一帧秒创的首页（https://aigc.yizhentv.com/），❶单击页面顶部的"产品"，❷在展开的菜单中单击"AI 视频"，如图 3-1 所示。

步骤02 切换到"AI 视频"功能的介绍页面，单击"立即创作"按钮，如图 3-2 所示，然后按照页面中的说明进行登录。

图 3-1

图 3-2

步骤03 登录成功后，进入"AI 视频"的工作界面。❶在界面左侧切换至"文生视频"

AI 音视频生成：获取多样素材　037

选项卡，❷在"视频时长"下单击"4s"按钮，将生成视频的时长设置为 4 秒，❸在"提示词"文本框中输入提示词，如"特写镜头下，一只机灵的小松鼠，在花丛间快速穿梭，收集着散落在地上的坚果"，❹在"视频比例"下选择横幅的长宽比，❺单击"生成视频"按钮，如图 3-3 所示。

图 3-3

步骤04　稍等片刻，AI 会根据输入的提示词和设置的参数生成一段视频，将鼠标指针放在该视频上，单击"播放"按钮，如图 3-4 所示。

> **提示**
> 如果对生成结果比较满意，可单击"下载"按钮，下载并保存视频；如果对生成结果不满意，可单击"重新生成"按钮来重新生成，该操作会消耗 AI 视频制作的时长额度。

图 3-4

步骤05　❶界面中会开始播放生成的视频，❷在"标题"文本框中更改视频标题，❸单击"保存"按钮进行保存，如图 3-5 所示。

图 3-5

02 将文章转换为视频

一帧秒创的"图文转视频"功能能够全自动地将文章转换为视频形式，极大地提升了创作效率。本节就来使用此功能将一篇文章转换为视频。

步骤01 在一帧秒创的首页单击右上角的"进入工作台"按钮，如图 3-6 所示。

步骤02 进入工作台后，单击"图文转视频"中的"去创作"按钮，如图 3-7 所示。

图 3-6

图 3-7

步骤03 进入"图文转视频"的工作界面，❶在"文案输入"下的第 1 个文本框中输入文章的标题，❷在第 2 个文本框中输入文章的具体内容，❸单击"下一步"按钮，如图 3-8 所示。如果没有现成的文章，可输入关键词，然后单击"帮写"按钮，让 AI 生成文章。

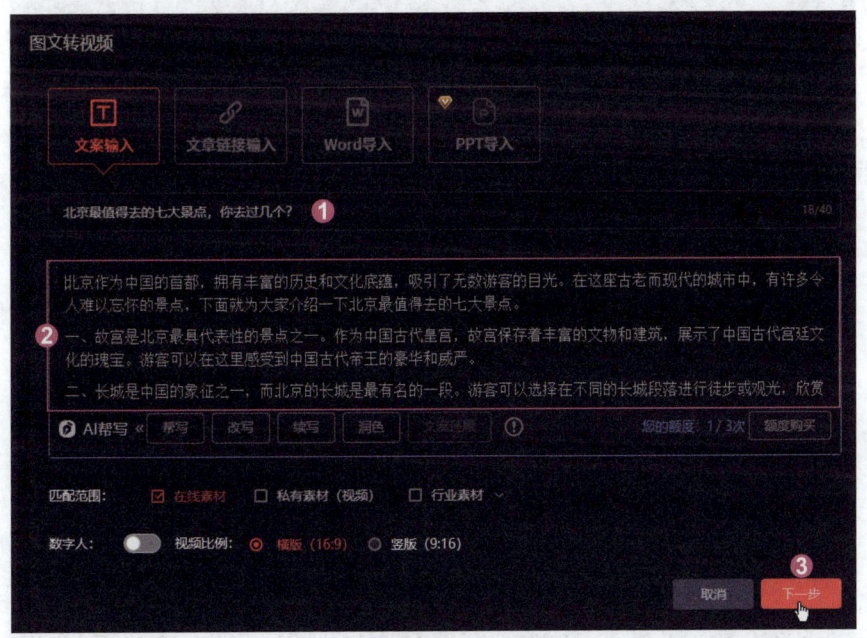

图 3-8

步骤04 AI 会自动解析文章内容，解析成功后进入"编辑文稿"界面。❶在"请选择分类"下选择视频的分类，这里选择"科普"，❷在需要重新分段的位置单击，定位插入点，如图 3-9 所示。

AI 音视频生成：获取多样素材　039

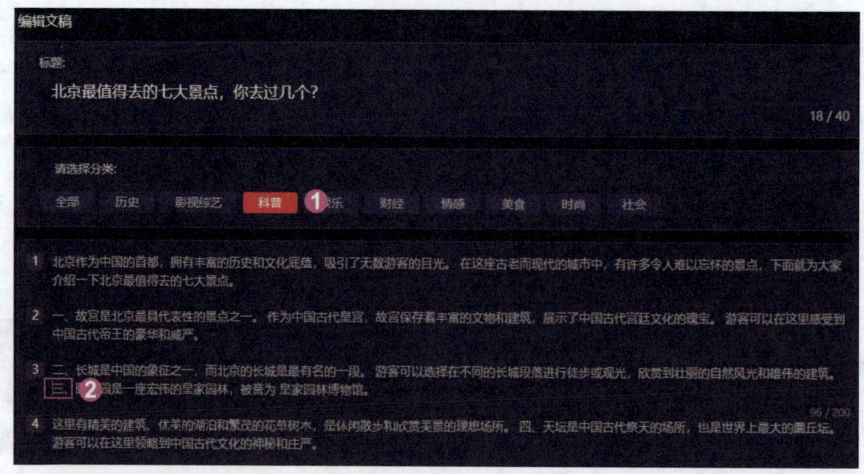

图 3-9

步骤05 ❶按〈Enter〉键,在插入点处输入一个换行符,实现分段,❷将插入点定位到需要取消分段的位置,如图 3-10 所示。

图 3-10

步骤06 ❶按〈Backspace〉键,将插入点之后的段落与上一个段落接排在一起。使用相同的方法处理其他段落,❷完成后单击"下一步"按钮,如图 3-11 所示。

图 3-11

步骤07 AI会开始分析文本的语义,并根据语义匹配视频素材。匹配完成后,可能会发现有些素材不合适。❶选中不合适的素材,❷单击"替换"按钮,如图3-12所示。

步骤08 ❶在"在线素材"选项卡下输入关键词,❷单击"搜索"按钮,根据关键词搜索素材,❸从搜索结果中选择一个合适的素材,如图3-13所示。

图3-12

图3-13

> **提示**
>
> 如果在"在线素材"库中未找到合适的视频素材,可以用上一节介绍的"AI视频"功能生成素材,并将其下载至本地硬盘。然后在替换素材的界面中单击右上角的"本地上传"按钮,将下载的素材上传至"我的素材"库中,再切换至"我的素材"选项卡,即可调用上传的素材。

步骤09 ❶拖动素材下方的滑块,选择需要的片段,❷单击"使用"按钮,如图3-14所示。使用相同的方法替换其他不合适的素材。

步骤10 完成视频素材的处理后,接着处理音乐素材。单击画面上方的音乐,如图3-15所示。

图3-14

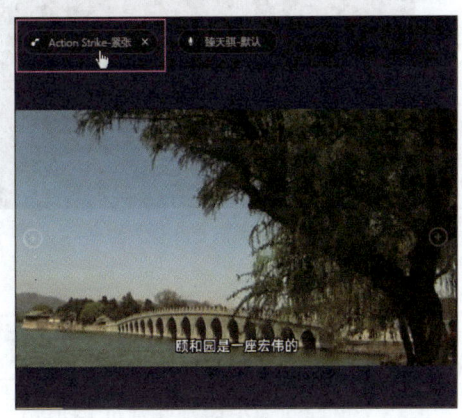

图3-15

AI音视频生成:获取多样素材 **041**

步骤11　进入"音乐"面板，❶单击"热门"等标签来筛选音乐素材，单击素材缩略图上的"播放"按钮可进行试听，❷选择一首喜欢的音乐，❸单击"使用"按钮，❹最后单击"生成视频"按钮，如图3-16所示。

图 3-16

步骤12　进入"生成视频"界面，❶单击选择一个帧画面作为视频的封面，❷单击"生成视频"按钮，如图3-17所示，等待AI合成视频即可。

图 3-17

03 使用本地图片生成视频

除了根据文本生成视频或匹配视频，当前的AI技术还支持根据图片生成视频。本节将以即梦AI为例进行讲解。即梦AI是剪映旗下的AI创作平台。用户只需提供参考图和提示词，并指定运镜方式和运动速度，即梦 AI 就能生成流畅自然的视频。

步骤01 用网页浏览器打开即梦 AI 的首页（https://jimeng.jianying.com/），单击页面右上角的"登录"按钮，如图 3-18 所示，然后按照页面中的说明进行登录。

图 3-18

步骤02 登录成功后，进入即梦 AI 的工作界面，单击"AI 视频"下的"视频生成"按钮，如图 3-19 所示。

图 3-19

> **提示**
> 即梦 AI 不仅能生成视频，还能生成图片。单击"AI 作图"下的"图片生成"按钮，进入"图片生成"界面，然后输入提示词并设置生图模型等参数，就能生成图片。

步骤03 进入"视频生成"界面，❶默认选择"图片生视频"方式，❷单击下方的"上传图片"按钮，如图 3-20 所示。

步骤04 弹出"打开"对话框，❶选中作为视频首帧参考图的图片，❷单击"打开"按钮，如图 3-21 所示。

图 3-20 　　　　　　　　　图 3-21

步骤05 ❶在参考图下方输入生成视频的提示词，如"一辆红色的跑车在高速路上

AI 音视频生成：获取多样素材　043

疾驰",❷单击"运镜控制"下的"随机运镜",如图3-22所示。

步骤06 弹出"运镜控制"对话框,❶单击"变焦"右侧的🔍按钮,❷再单击"幅度"右侧的"小"按钮,选择较小的变焦幅度,❸单击"应用"按钮,如图3-23所示。

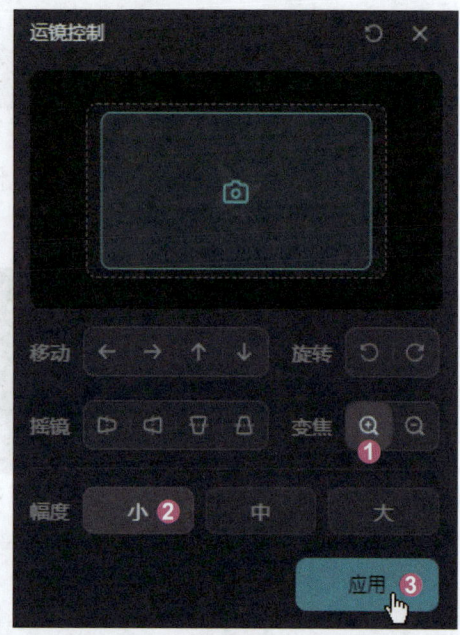

图3-22

图3-23

步骤07 ❶单击"运动速度"下的"快速"按钮,❷单击"生成时长"下的"4s"按钮,将视频时长设置为4秒,❸单击"生成视频"按钮,❹稍等片刻,即梦AI会根据参考图、提示词和设置的参数生成一段视频,如图3-24所示。

图3-24

> **提示**
> 即梦 AI 提供"标准模式"和"流畅模式"两种视频生成模式。"标准模式"适合用于生成动作幅度适中的视频,"流畅模式"适合用于生成动作幅度较大的视频。

步骤08 即梦 AI 还支持指定尾帧的参考图。❶单击"使用尾帧"开关按钮,启用尾帧参考图,❷单击下方的"上传尾帧图片"按钮,如图 3-25 所示。

步骤09 弹出"打开"对话框,❶选中作为视频尾帧参考图的图片,❷单击"打开"按钮,如图 3-26 所示。

图 3-25 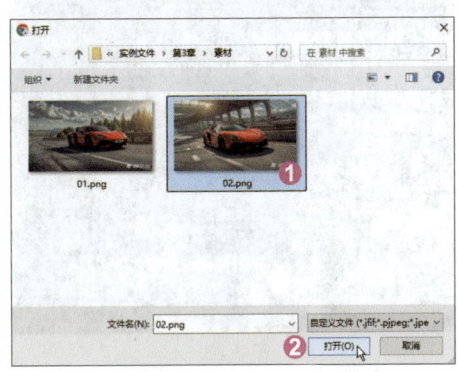 图 3-26

步骤10 ❶将提示词修改为"一辆红色的跑车在高速路上疾驰,道路两旁的景物不断变化",❷再次单击"生成视频"按钮,❸稍等片刻,即梦 AI 就会重新生成一段视频,如图 3-27 所示。

图 3-27

步骤11 除了图片生视频,即梦 AI 还支持文本生视频。❶切换至"文本生视频"选项卡,❷在文本框中输入提示词,如"一艘巨大的太空船在宇宙中流畅地穿梭,

AI 音视频生成:获取多样素材 045

它的发动机闪耀着光芒，周围是令人惊叹的宇宙景象，有闪烁的星星和旋转的星系，以及那些尚未被探索的神秘遥远行星"，❸单击"运镜控制"下的"变焦推近·小"，如图 3-28 所示。

步骤12　弹出"运镜控制"对话框，❶单击右上角的 ◯ 按钮，将运镜方式还原为默认的"随机运镜"，❷然后单击"应用"按钮，如图 3-29 所示。

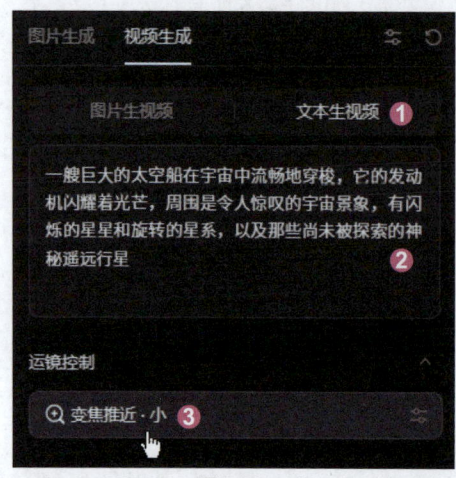

图 3-28　　　　　　　　　　　图 3-29

步骤13　❶将"运动速度"设置为"适中"，❷将"模式选择"设置为"标准模式"，❸将"生成时长"设置为 3 秒，❹将"视频比例"设置为 9∶16，❺单击"生成视频"按钮，❻稍等片刻，即梦 AI 就会生成相应的视频，如图 3-30 所示。

图 3-30

04 为视频生成专属配乐

音乐能增强视觉内容的情感表达、节奏感和吸引力，营造沉浸式的观看体验。本节将使用 Suno 为视频生成专属的配乐。Suno 是一款 AI 音乐生成工具，能根据用户输入的歌词、标题、音乐风格等信息，自动生成音乐作品。

步骤01 用网页浏览器打开 Suno 的首页（https://suno.fan/home），单击左下角的"登录"按钮，如图 3-31 所示，在弹出的登录框中按照说明进行登录。

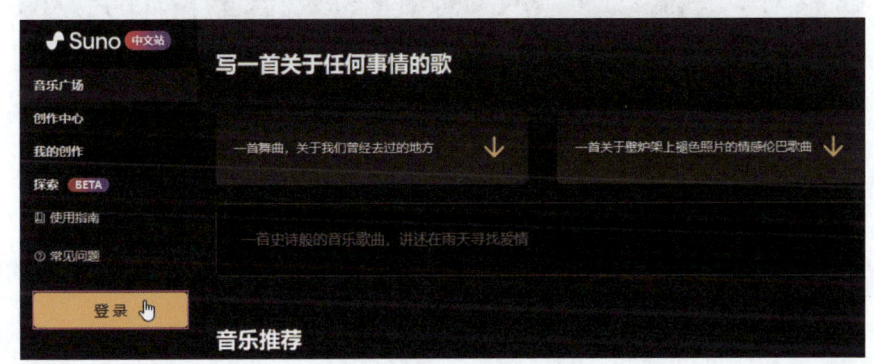

图 3-31

步骤02 登录成功后，❶单击左侧的"创作中心"按钮，进入相应的界面，❷在"歌曲描述"文本框中输入提示词，如"创作一首富有感染力的歌曲，关于毕业季的"，❸单击"创作"按钮，稍等片刻，Suno 会根据提示词生成两首歌曲，❹将鼠标指针放在某一首歌曲上，单击"播放"按钮进行试听，如图 3-32 所示。

图 3-32

> **提示**
>
> 如果要生成不含歌词的纯音乐，则单击"歌曲描述"文本框下方的"纯音乐"开关按钮，使其处于打开状态。

步骤03　❶单击某一首歌曲右侧的 按钮，❷在弹出的列表中单击"生成同风格歌曲"选项，❸切换至"自定义模式"，可以看到完整的歌词，如图 3-33 所示。手动修改歌词后再次单击"创作"按钮，即可生成相同风格的更多歌曲。

图 3-33

> **提示**
>
> 单击某一首歌曲右侧的 按钮，在弹出的列表中单击"下载音频"选项，即可下载并保存该歌曲。如果想要延长歌曲的时长，可单击"从此处继续生成"选项，从所选歌曲的结尾处继续生成。

05 设置主题生成背景音乐

本节将介绍另一个 AI 音乐创作工具——海绵音乐。海绵音乐是由字节跳动推出的在线音乐创作平台，支持多种音乐风格和情感类型，能够满足多样化的音乐创作需求。它在中文歌曲人声处理方面的表现尤为优异，减少了电音的使用，提高了吐字的清晰度和演唱的流畅性。用户只需输入灵感或歌词，即可快速生成音乐作品，大大降低了音乐创作的门槛。

步骤01　用网页浏览器打开海绵音乐的首页（https://www.haimian.com/），单击页面左侧的"创作"按钮，如图 3-34 所示，在弹出的登录框中按照说明进行登录。

图 3-34

步骤02　进入"定制音乐"界面，❶切换至"灵感创作"选项卡，❷在"输入灵感"

文本框中输入提示词，如"写一首悲伤忧郁的民谣歌曲，女声"，❸单击"生成音乐"按钮，如图3-35所示。如果想要生成纯音乐，则打开"仅生成纯音乐"开关按钮。

步骤03 稍等片刻，AI会根据提示词生成3首歌曲。❶选中某一首歌曲，❷在右侧会显示歌曲的详情，包括标题、风格、歌词等信息，❸单击歌曲缩略图上的"播放"按钮可进行试听，如图3-36所示。

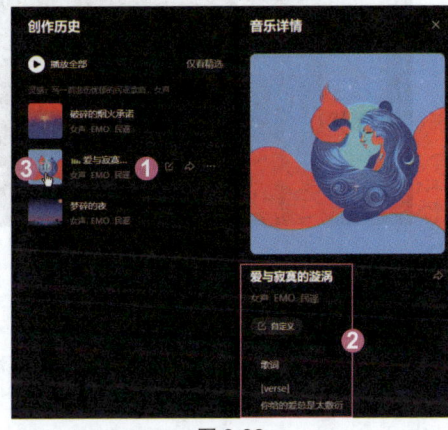

图 3-35

图 3-36

步骤04 如果需要根据歌词生成歌曲，❶切换至"自定义创作"选项卡，❷在"歌词"文本框中输入自己创作的歌词，如图3-37所示。

步骤05 ❶在"曲风"下单击"民谣"按钮，❷在"心情"下单击"伤感"按钮，❸在"音色"下单击"男声"按钮，❹在"歌曲名称"文本框中输入歌曲的标题，如"夏天的风"，❺单击"生成音乐"按钮，如图3-38所示。

图 3-37

图 3-38

AI音视频生成：获取多样素材 049

步骤06 等待片刻，AI 会根据输入的歌词和设置的参数生成 3 首歌曲，如图 3-39 所示。

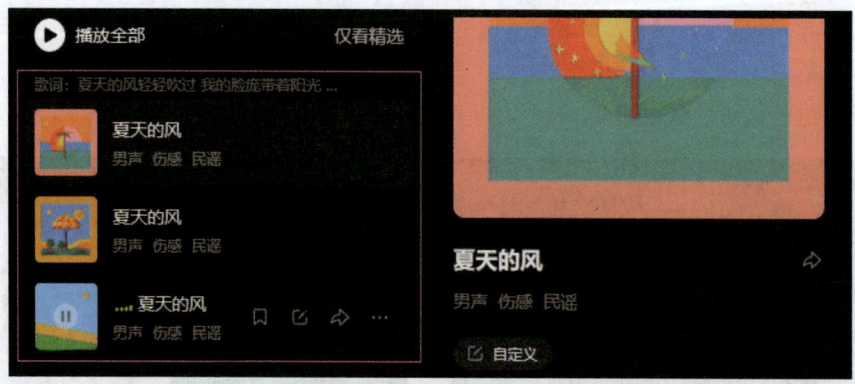

图 3-39

> **提示**
>
> 海绵音乐单次可生成时长 1 分钟的歌曲。用户目前不能下载生成的歌曲，但是可以通过分享链接来进行传播。

06 为视频生成专属旁白配音

在视频作品中，旁白可以起到解释、补充和引导等作用，让信息的传递更加清晰和有效，从而帮助观众更好地理解视频的内容。本节将使用 TTSMaker 为视频生成旁白配音。TTSMaker 是一个在线的文本转语音平台，支持中文、英语、日语、韩语等 50 余种语言，以及 300 多种语音风格。

步骤01 用网页浏览器打开 TTSMaker 的首页（https://ttsmaker.cn），将事先写好的旁白文本复制、粘贴到页面左侧的文本框中，如图 3-40 所示。

图 3-40

步骤02 ❶在"选择文本语言"下拉列表框中根据实际情况选择文本的语言，❷在"选择您喜欢的声音"列表框中滚动浏览发音人，❸单击发音人下方的"试听音色"按钮可试听音色，❹试听满意后，单击选中发音人，❺输入 4 位数字的验证码，❻单击"高级设置"按钮，以展开"高级设置"面板，如图 3-41 所示。

步骤03　❶在"高级设置"面板中将语速设置为"0.95x 降速",降低语音朗读的速度,❷将音量设置为"120% 提升音量",提高语音朗读的音量,❸设置每个段落之间的停顿时间为"600 ms",延长段落之间的停顿时间,如图 3-42 所示。

图 3-41　　　　　　　　　　　图 3-42

步骤04　设置完成后,❶单击"开始转换"按钮,TTSMaker 会根据文本生成语音,生成完毕后会自动播放,❷确认无误后单击"下载文件到本地"按钮,如图 3-43 所示,即可下载并保存语音文件。

图 3-43

AI 音视频生成:获取多样素材　051

4 基础剪辑：快速处理视频

一段精彩的短视频的诞生离不开细致入微的后期剪辑。从海量的原始素材中提炼精华，将观众的目光引导至每一个精心设计的瞬间，让故事流畅而有力地展开，这正是剪辑的魅力所在。本章从最基础的视频剪辑入手，如一键成片、图文成片、分割视频、裁剪视频等，逐步引导读者掌握快速而高效地处理视频片段的方法。

01 使用"一键成片"功能快速套用模板

剪映的"一键成片"功能可以通过智能套用模板，将手机相册中的视频或图片素材转换成完整的视频作品，是一种方便快捷的视频创作方式。

步骤01 在手机上打开剪映，在主界面点击"一键成片"按钮，如图4-1所示。

步骤02 在打开的手机相册界面中，❶选中需要使用的素材，这里选中4张图片，❷然后点击"你想制作什么样的视频？"文本框，如图4-2所示。

步骤03 在弹出的对话框中输入想要创作的视频类型，也可以在下方选择推荐的类型，如"日常碎片记录"，如图4-3所示。

图4-1 　　　　　　图4-2 　　　　　　图4-3

步骤04　选择后点击界面右下角的"下一步"按钮，如图4-4所示。AI将对素材进行智能识别，如图4-5所示。

步骤05　稍等片刻，AI会根据识别结果推荐一些模板。❶选择一个喜欢的模板，❷点击"导出"按钮，如图4-6所示。如需做进一步编辑，如替换、裁剪、添加文本等，可点击模板上的"点击编辑"按钮，进入编辑界面。

图4-4 　　　　　　　　图4-5 　　　　　　　　图4-6

步骤06　弹出"导出设置"对话框，点击 按钮，如图4-7所示。开始导出视频，如图4-8所示，在导出过程中不能锁屏或切换程序。导出成功后点击"完成"按钮即可，如图4-9所示。如果需要再次编辑，则点击左上角的 按钮。

图4-7 　　　　　　　　图4-8 　　　　　　　　图4-9

基础剪辑：快速处理视频　053

02 使用"营销成片"功能生成爆款带货视频

还在为带货视频出片效率低、写不出爆款文案而犯愁吗？有了剪映的"营销成片"功能，这些问题都可以轻松解决。该功能利用先进的 AI 技术，帮助用户快速、高效地制作具有吸引力的营销视频，从而抢占带货先机。

步骤01　在手机上打开剪映，点击主界面右上角的"展开"按钮，如图 4-10 所示。在展开的菜单中点击"营销成片"按钮，如图 4-11 所示。

图 4-10 　　　　　　　　　　图 4-11

步骤02　在打开的手机相册界面中，❶选中视频素材，❷然后点击右下角的"下一步"按钮，如图 4-12 所示。需要注意的是，所选视频素材的总时长应在 15 秒以上。

步骤03　打开"营销推广视频"界面，❶在"产品名称"文本框中输入要推广的产品的名称，输入后 AI 会根据产品名称推荐一些卖点，❷点击其中一个卖点，如"滋润保湿"，如图 4-13 所示，❸将该卖点添加至"产品卖点"文本框，如图 4-14 所示。如果不想使用 AI 推荐的卖点，也可直接在"产品卖点"文本框中手动输入。

图 4-12 　　　　　　图 4-13 　　　　　　图 4-14

步骤04　❶用相同的方法添加更多卖点，❷然后点击"展开更多"右侧的下拉按钮，如图4-15所示。

步骤05　展开更多设置，❶在"优惠活动"文本框中输入"免费试用，拍一发二"，❷根据需求设置视频尺寸和时长，❸点击"生成视频"按钮，如图4-16所示。

步骤06　稍等片刻，AI会根据前面输入的产品名称、卖点和优惠活动等信息自动撰写文案，并根据文案匹配画面，生成5个营销视频。❶点击选择一个喜欢的营销视频，❷点击"导出"按钮，如图4-17所示。

步骤07　弹出"导出设置"对话框，点击 按钮，如图4-18所示，导出视频。

图 4-15　　　　图 4-16

图 4-17　　　　图 4-18

03　使用"剪同款"功能一键生成热门风格 vlog 视频

剪映的"剪同款"功能为用户提供了多种热门风格和主题的模板，这些模板预先设计好了布局、动画和过渡效果，让用户不需要从零开始创建，就能快速制作出与热门视频具有相似风格或效果的作品。

基础剪辑：快速处理视频　055

步骤01　在手机上打开剪映，在主界面点击底部工具栏中的"剪同款"按钮，如图4-19所示。

图4-19

步骤02　进入选择模板的界面，❶点击"全部模板"，❷点击右侧的下拉按钮，在展开的菜单中可以看到很多模板分类，如"卡点""纪念日""风格大片"等，❸这里点击"Vlog"分类，如图4-20所示。

步骤03　切换至"Vlog"分类，点击选择一个Vlog模板，如图4-21所示。

步骤04　进入模板详情界面，可先预览模板的效果，如果感到满意，点击右下角的"剪同款"按钮，如图4-22所示。

图4-20　　　　　图4-21　　　　　图4-22

步骤05　进入手机相册界面，❶选中需要使用的素材，这里选中了7段视频素材，❷然后点击"下一步"按钮，如图4-23所示。

步骤06　进入编辑界面，如果觉得效果不错，可以直接点击右上角的"导出"按钮来导出视频，如图4-24所示。如果需要对一部分视频素材进行编辑，可以在下方点击要编辑的视频素材，弹出如图4-25所示的工具栏，点击其中的按钮，然后按界面中的提示操作。

图 4-23　　　　　　　　图 4-24　　　　　　　　图 4-25

04 使用"图文成片"功能生成视频

剪映的"图文成片"功能开辟了一种全新的视频创作方式：用户只需要设置好视频的主题和时长，AI 就能自动撰写文案，然后根据文案智能匹配图片、视频、音频等素材，并生成旁白和字幕，得到完整的视频作品。

步骤01　在计算机上打开剪映，在首页中单击"图文成片"按钮，如图 4-26 所示。

图 4-26

步骤02　❶在界面左侧单击选择要创建的视频类型，如"营销广告"，❷在"产品名"和"产品卖点"文本框中输入相应的内容，❸单击"视频时长"下的"1 分钟左右"按钮，指定生成视频的时长，❹单击"生成文案"按钮，稍等片刻，AI 会根据设置生成 3 篇文案，❺单击下方的"<"和">"按钮切换浏览文案，从中选择一篇喜欢的文案，如图 4-27 所示。

基础剪辑：快速处理视频　057

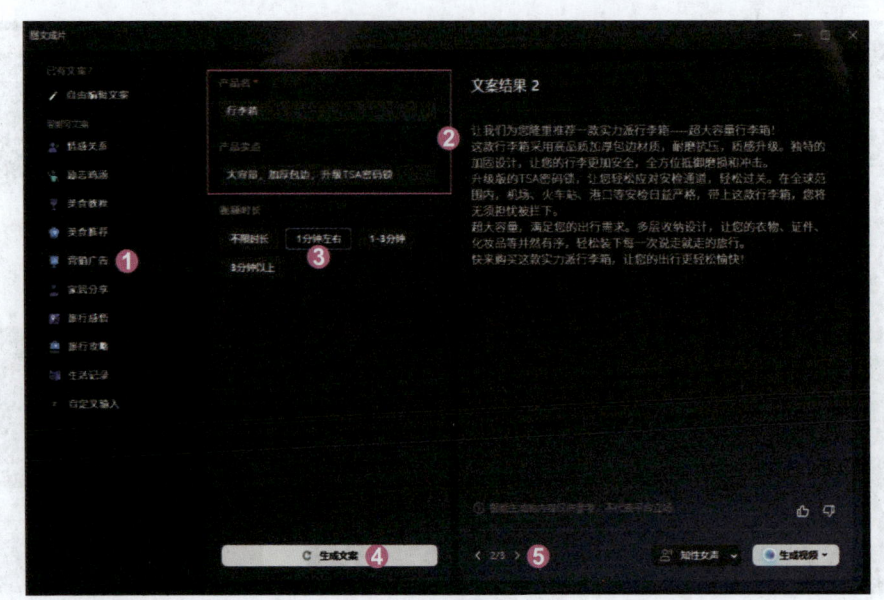

图 4-27

步骤03　❶单击"知性女声"右侧的下拉按钮，❷在弹出的列表中选择心仪的发音人，如图 4-28 所示。

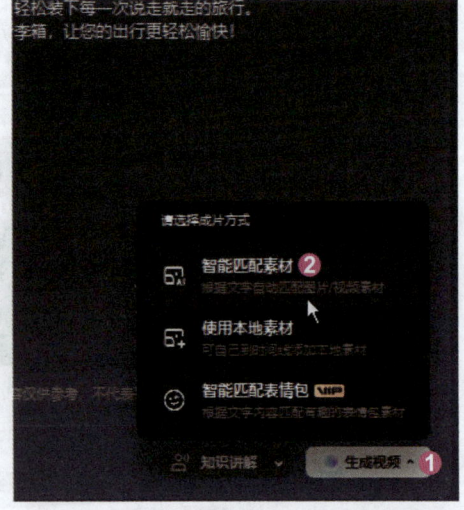

步骤04　❶单击"生成视频"右侧的下拉按钮，❷在弹出的列表中选择"智能匹配素材"选项，如图 4-29 所示。

图 4-28　　　　　　　　　　　　图 4-29

步骤05　稍等片刻，AI 会根据文案自动生成视频，如图 4-30 所示。如果对视频有不满意的地方，可手动进行编辑，如调整或替换视频素材、重新设置配音等。

058　剪映+AI 短视频制作从入门到精通

图 4-30

05 使用"模板"功能快速生成宣传视频

剪映为用户提供了丰富的视频编辑模板，这些模板涵盖了各种场景和风格，可以帮助用户快速制作出高质量的视频作品。用户既可以直接在"模板"界面选择模板，也可以在编辑过程中通过单击"模板"按钮访问"模板"素材库进行选择。

步骤01 在计算机上打开剪映，❶单击"模板"按钮，进入相应的界面，❷单击"宣传"标签，❸在"片段数量"下拉列表框中选择"3～5"选项，❹在筛选结果中选择一种喜欢的模板，单击"使用模板"按钮，如图 4-31 所示。

图 4-31

步骤02 进入视频编辑界面，进行视频素材的替换。单击第 1 段视频素材上的"替换"按钮，如图 4-32 所示。

基础剪辑：快速处理视频 059

步骤03 弹出"请选择媒体资源"对话框，❶在对话框中选中用于替换的视频素材，❷单击"打开"按钮，如图 4-33 所示。

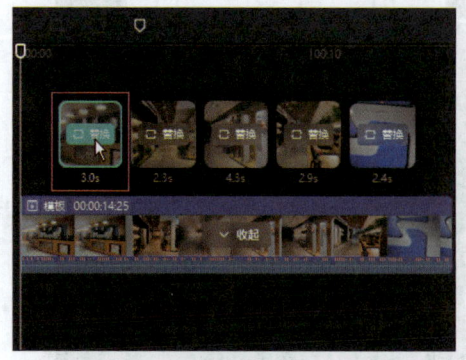

图 4-32 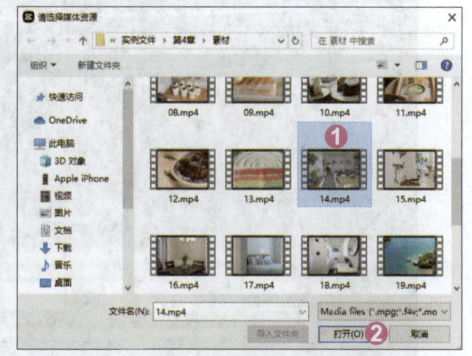　　　　　　　　　　　　　　图 4-33

步骤04 完成第 1 段视频素材的替换，如图 4-34 所示。在"播放器"面板中显示替换后的效果，如图 4-35 所示。

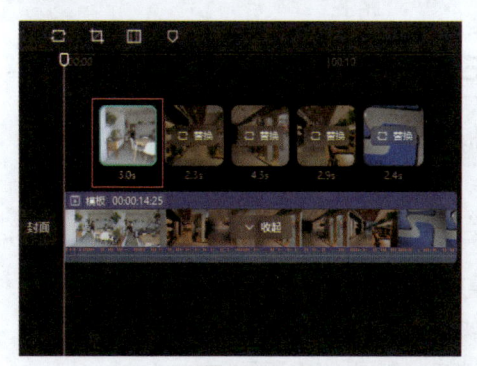

图 4-34 　　　　　　　　　　　　　　图 4-35

步骤05 使用相同的方法替换另外 4 段视频素材，如图 4-36 所示。完成后在"播放器"面板中单击"播放"按钮，即可预览视频效果，如图 4-37 所示。

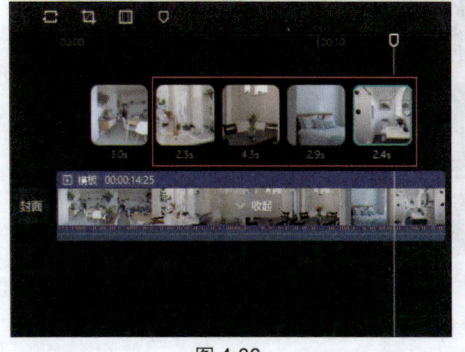

图 4-36 　　　　　　　　　　　　　　图 4-37

06 分割视频截取精彩片段

在视频编辑的过程中，为了更好地展现作品的主题和情感，我们常常需要聚焦于某个动人的瞬间。剪映提供了便捷的视频分割功能，让用户可以精准地截取视频素材中的精彩片段。

步骤01 在计算机上打开剪映，单击首页的"开始创作"按钮，如图 4-38 所示，创建一个新项目。

图 4-38

步骤02 进入创建视频的界面，❶单击左侧的"本地"按钮，❷然后单击右侧的"导入"按钮，如图 4-39 所示。

步骤03 弹出"请选择媒体资源"对话框，❶在对话框中选中需要剪辑的一段视频素材，❷单击"打开"按钮，如图 4-40 所示。

图 4-39 　　　　　图 4-40

> **提示**
>
> 如果需要选中不连续的多个素材，可以按住〈Ctrl〉键不放，用鼠标依次单击要选中的素材。如果需要选中连续的多个素材，则先单击要选中的第一个素材，然后按住〈Shift〉键不放，再单击要选中的最后一个素材，此时这两个素材及它们之间的所有素材都会被选中。

基础剪辑：快速处理视频　061

步骤04 导入视频素材，单击右下角的"添加到轨道"按钮，如图 4-41 所示。

步骤05 将视频素材添加到时间轴中的视频轨道上，在"播放器"面板中会显示该素材的效果，如图 4-42 所示。

图 4-41

图 4-42

步骤06 ❶将时间线拖动至需要分割的位置，❷单击工具栏中的"分割"按钮或按快捷键〈Ctrl+B〉，如图 4-43 所示。

步骤07 在时间轴上可以看到，视频素材在当前时间点处分割成两个片段，单击选中第 1 个片段，如图 4-44 所示。

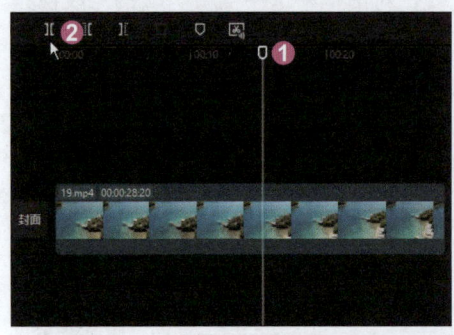

图 4-43

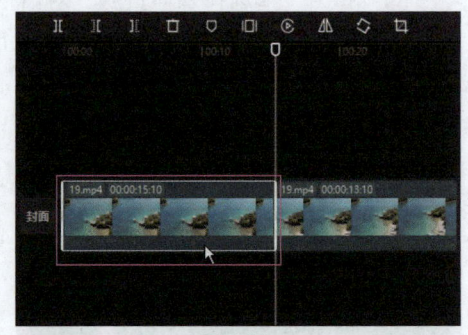

图 4-44

步骤08 按〈Delete〉键，删除选中的片段，剩下的片段会自动移到开始位置，如图 4-45 所示。

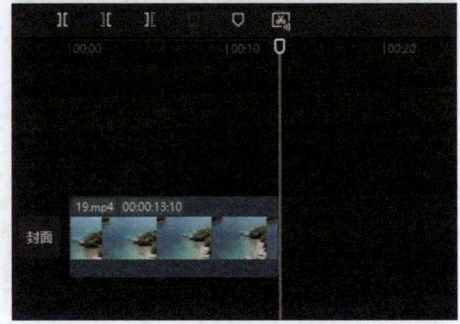

图 4-45

07 裁剪视频画面进行二次构图

在编辑视频时,通过裁剪画面不仅能去除不重要的元素,让主体更加突出,还能实现重新构图,从而增强画面的吸引力和视觉冲击力。

步骤01 在计算机上打开剪映,创建新项目。导入需要裁剪的一段视频素材,并将其添加到视频轨道中,如图 4-46 所示。然后单击工具栏中的"调整大小"按钮,如图 4-47 所示。

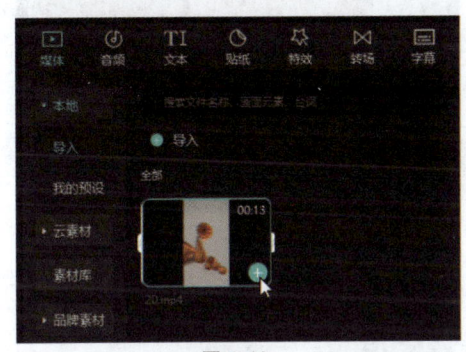

图 4-46　　　　　　　　　　图 4-47

步骤02 弹出"调整大小"对话框,❶在"裁剪比例"下拉列表框中选择"4:3"选项,显示相应长宽比的裁剪框,❷将裁剪框拖动到合适的位置,❸单击"确定"按钮,如图 4-48 所示,完成裁剪。

图 4-48

步骤03 ❶单击"播放器"面板右下角的"比例"按钮,❷在弹出的列表中选择

基础剪辑:快速处理视频　063

"4:3"选项,如图4-49所示,使项目的长宽比设置与裁剪后的视频素材一致。在该面板中播放视频,预览裁剪效果,如图4-50所示。

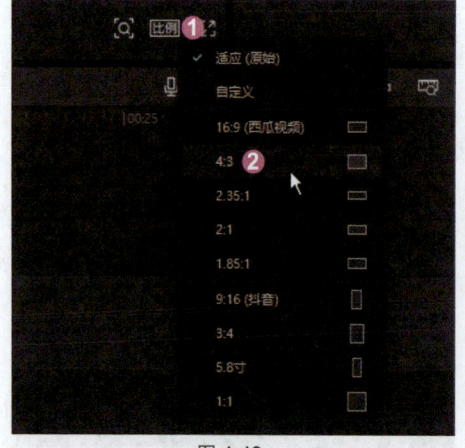

图 4-49

图 4-50

08 使用"定格"功能凝固精彩瞬间

剪映的"定格"功能可以将视频中的某一帧定格为静态图像,达到突出关键帧或创造特殊视觉效果的目的。

步骤01 在计算机上打开剪映,创建新项目。导入一段视频素材,并将其添加到视频轨道中。❶在时间轴中单击选中视频素材,❷将时间线拖动到想要定格的帧画面处,❸单击工具栏中的"定格"按钮,如图4-51所示。

步骤02 所选帧被定格为静态图像,其默认显示时长为3秒,如图4-52所示。

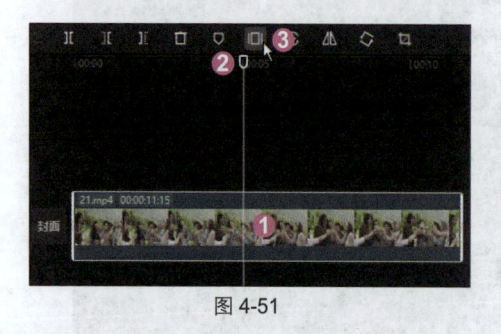

图 4-51

图 4-52

步骤03 ❶展开"画面"面板,❷拖动"缩放"滑块,缩小定格画面,❸再拖动"旋转"右侧的 ■ 按钮,旋转定格画面,如图4-53所示。

步骤04 在"播放器"面板中预览设置后的效果,如图4-54所示。

图 4-53 　　　　　　　　　　　图 4-54

步骤05 ❶启用并展开"背景填充"选项组，❷在下方的下拉列表框中选择"模糊"选项，❸单击选择一种模糊强度，如图 4-55 所示。

步骤06 在"播放器"面板中预览模糊背景后的效果，如图 4-56 所示。

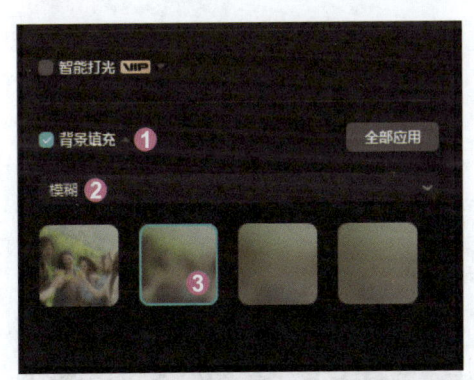

图 4-55 　　　　　　　　　　　图 4-56

09 变速调整让视频张弛有度

在剪辑关键场景或营造特定氛围时，灵活运用一些变速技巧可以让视频作品更加生动有趣、节奏感鲜明。剪映的"变速"功能提供"常规变速"和"曲线变速"两种调整方式，包含从简单到复杂的多元化速度调整手段，让用户能够根据创作需求灵活调整视频的播放速度。

步骤01 在计算机上打开剪映，创建新项目。导入一段视频素材，如图 4-57 所示，将其添加到时间轴中的视频轨道上，单击选中该视频素材，如图 4-58 所示。

基础剪辑：快速处理视频　065

图 4-57

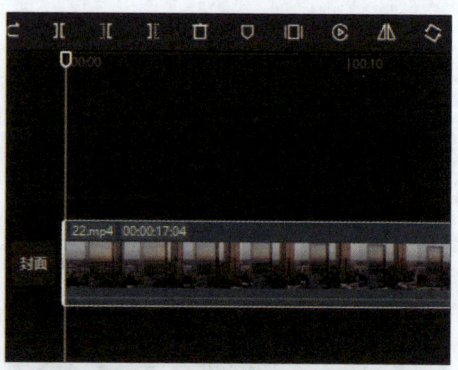

图 4-58

步骤02 ❶展开"变速"面板，❷切换至"曲线变速"选项卡，在下方会显示内置的几个变速模板，❸单击"子弹时间"模板，如图 4-59 所示。

步骤03 应用变速模板后，可以在"播放器"面板中播放视频，预览变速效果。如果对变速效果不满意，可通过拖动变速点来改变播放速度。这里想要缩短闪进的时间，先向左拖动第 1 个变速点，如图 4-60 所示。

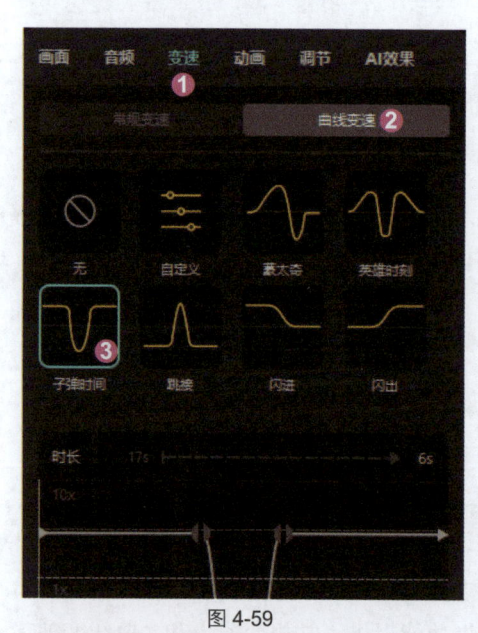

图 4-59

图 4-60

> **提示**
>
> 在变速曲线上没有变速点的位置单击，再单击"重置"按钮右侧的 ➕ 按钮，可添加变速点。选中变速点后，单击"重置"按钮右侧的 ➖ 按钮，可删除变速点。单击"重置"按钮，可将变速点恢复至默认状态。

步骤04 接着向左拖动第 2 个变速点，如图 4-61 所示。使用相同的方法根据需要拖动调整第 3、4 个变速点的位置，如图 4-62 所示。

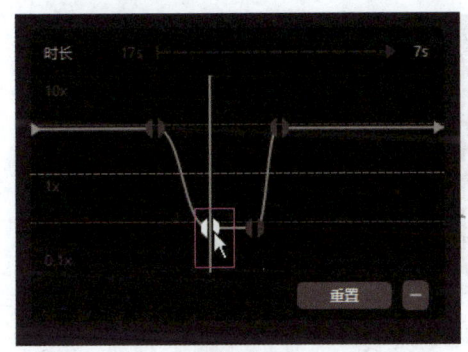

图 4-61

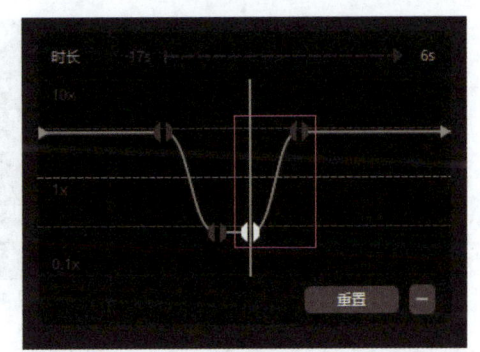

图 4-62

10 使用"倒放"功能制作搞笑循环效果

为短视频设置倒放效果，能够创造出通过正常拍摄难以实现的特殊视觉效果，带给观众新奇的观看体验。

步骤01 在计算机上打开剪映，创建新项目，导入一段视频素材，如图 4-63 所示。

步骤02 将视频素材添加到视频轨道中，❶将时间线移动到画面结束的位置，❷选中轨道上的视频素材，按快捷键〈Ctrl+C〉，复制视频素材，如图 4-64 所示。

图 4-63

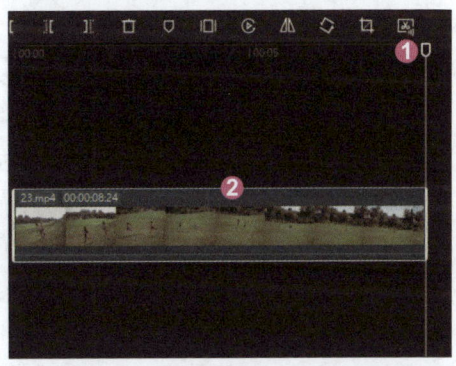

图 4-64

步骤03 按快捷键〈Ctrl+V〉，将复制的视频素材粘贴到轨道上，如图 4-65 所示。

图 4-65

基础剪辑：快速处理视频 067

步骤04 ❶将粘贴的视频素材拖动到原视频素材后面，❷单击工具栏中的"倒放"按钮，倒放该视频素材，如图4-66所示。

图4-66

步骤05 ❶展开"变速"面板，❷切换至"常规变速"选项卡，❸向右拖动"倍数"滑块，如图4-67所示，加快倒放视频的播放速度，如图4-68所示。

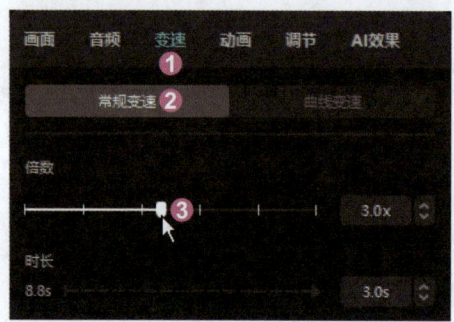

图4-67 　　　　　　　　　　　　　图4-68

11 使用"色度抠图"功能轻松抠取绿幕素材

为了便于在后期制作中进行特效添加、场景更换或人物合成等操作，可以在拍摄素材时使用绿幕背景，然后在剪映中使用"色度抠图"功能，从绿幕背景中精确提取出前景对象。该功能让用户通过取色器工具选择并锁定特定的颜色，随后通过调整强度参数，精细地消除背景或剔除画面中不需要的部分，从而实现前景对象与各种背景的无缝融合。

步骤01 在计算机上打开剪映，创建新项目。❶单击"素材库"按钮，❷在右侧的搜索框中输入"AI"，按〈Enter〉键搜索视频素材，❸选择需要添加的视频素材，单击右下角的"添加到轨道"按钮，如图4-69所示。

步骤02 将视频素材添加到视频轨道中后，单击"关闭原声"按钮，关闭视频素材的原始音频，如图4-70所示。

图 4-69 　　　　　　　　　　　　　　图 4-70

步骤03　❶单击"本地"按钮，❷导入一段在绿幕背景前拍摄的口播视频素材，❸将该素材拖动到视频轨道上，如图 4-71 所示。

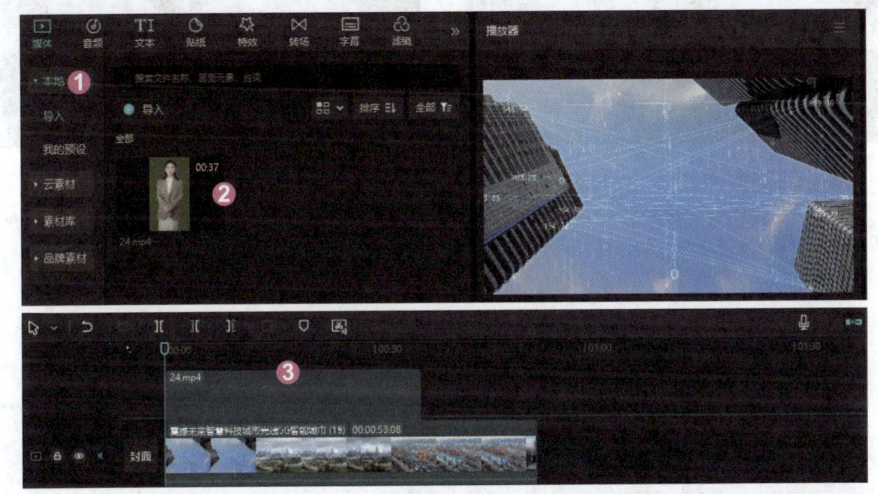

图 4-71

步骤04　在"播放器"面板中显示两段素材叠加后的效果，如图 4-72 所示。

步骤05　❶展开"画面"面板，❷切换至"抠像"选项卡，❸启用并展开"色度抠图"选项组，❹单击"取色器"按钮，如图 4-73 所示。

图 4-72 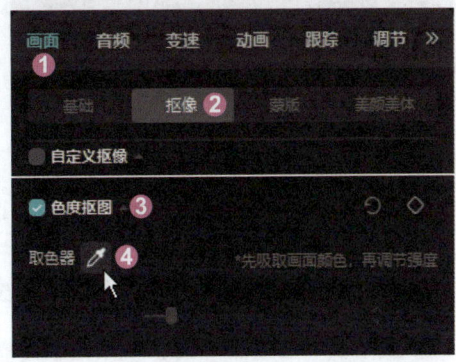　　　　　　　　　　　　　　图 4-73

基础剪辑：快速处理视频　069

步骤06 在"播放器"面板中单击绿色背景区域,即可删除绿色背景,抠出人物部分,如图4-74所示。

步骤07 适当调整抠出的人物图像的大小和位置,效果如图4-75所示。

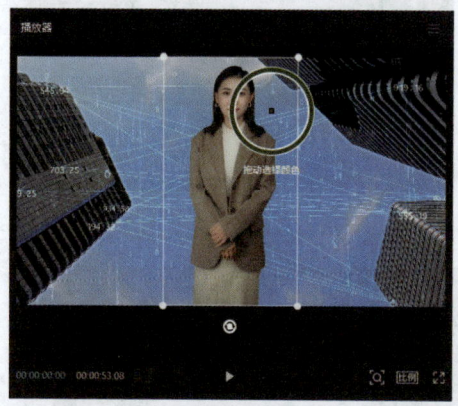

图 4-74 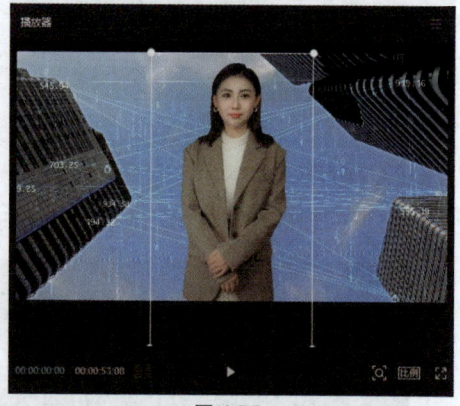　　　　　　　　　　图 4-75

> **提示**
>
> 除了"色度抠图",剪映还提供"智能抠像"和"自定义抠像"两种抠图方式。"自定义抠像"允许用户通过画笔工具手动绘制抠像区域,从而精确控制抠像范围;"智能抠像"则能自动识别视频画面中的主体,在下一节会详细介绍。

步骤08 ❶将时间线拖动到人物口播画面结束处,❷选中下方的背景视频素材,❸单击工具栏中的"分割"按钮,如图4-76所示。

步骤09 从当前时间点将背景视频素材分割成两个片段,如图4-77所示。

图 4-76 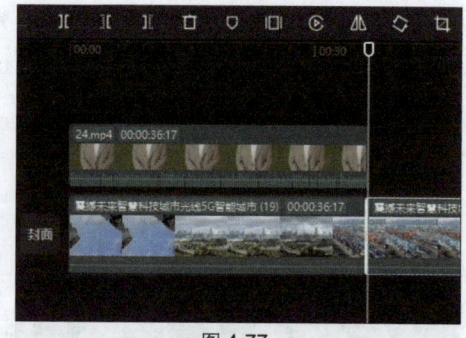　　　　　　　　　　图 4-77

步骤10 选中分割出来的第2个片段,按〈Delete〉键将其删除,如图4-78所示。

步骤11 在"播放器"面板中预览最终的作品效果,如图4-79所示。

图 4-78 　　　　　　　　　　　　　　图 4-79

12 使用"智能抠像"功能一键去除背景

视频抠像常被视为视频后期制作中的一大挑战。剪映的"智能抠像"功能正是为了应对这一难题而开发的。该功能利用先进的图像识别技术和优化算法，自动分析视频中的色彩差异，快速而准确地从背景中分离出前景对象，不需要用户进行烦琐的手动调整。这不仅大大提高了抠像的效率，还降低了技术门槛，让初学者也能轻松实现高质量的抠像效果。

步骤01　在计算机上打开剪映，创建新项目。❶在"媒体"面板下展开"素材库"，❷单击"片头"标签，❸在右侧选择一个片头素材，单击右下角的"添加到轨道"按钮，如图 4-80 所示。

步骤02　所选片头素材被添加到视频轨道中，如图 4-81 所示。

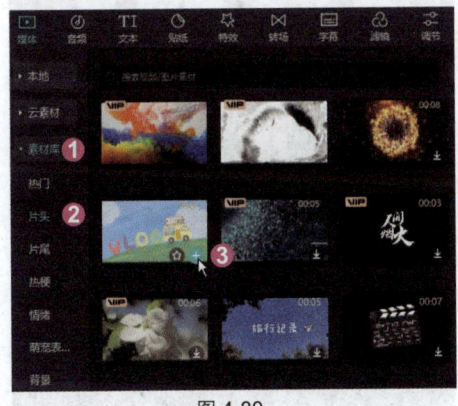

图 4-80 　　　　　　　　　　　　　　图 4-81

步骤03　❶导入本地硬盘中的一段人物视频素材，❷将该素材拖动到片头素材上方，如图 4-82 所示。

基础剪辑：快速处理视频　071

图 4-82

步骤04 ❶展开"画面"面板，❷切换至"抠像"选项卡，❸启用并展开"智能抠像"选项组，剪映会自动执行抠像操作，抠出人物图像，❹展开"抠像描边"选项组，❺单击选择一种描边效果，如图 4-83 所示，为抠出的图像添加描边。

步骤05 ❶将"颜色"设置为白色，❷将"大小"设置为2，❸将"距离"设置为18，如图 4-84 所示，调整描边的颜色、粗细和距离。

图 4-83    图 4-84

步骤06 ❶拖动时间线或按〈↓〉键,将时间线移动到片头素材的画面结束处,❷选中轨道上的人物视频素材,❸单击工具栏中的"分割"按钮,如图4-85所示,从当前时间点分割人物视频素材。

步骤07 ❶选中分割出来的第2个片段,❷单击工具栏中的"删除"按钮,如图4-86所示,删除该片段。

图 4-85

图 4-86

步骤08 ❶选中保留下来的第1个片段,❷然后将时间线往前移动1秒,如图4-87所示。

步骤09 ❶展开"画面"面板,❷切换至"基础"选项卡,❸在"混合"选项组下单击"不透明度"选项右侧的"添加关键帧"按钮,如图4-88所示,在当前时间点添加一个关键帧。

图 4-87

图 4-88

步骤10 拖动时间线或按〈↓〉键,将时间线移动到视频画面结束处,如图4-89所示。

步骤11 在"画面"面板中将"不透明度"设置为0%,如图4-90所示。

基础剪辑:快速处理视频　073

图 4-89

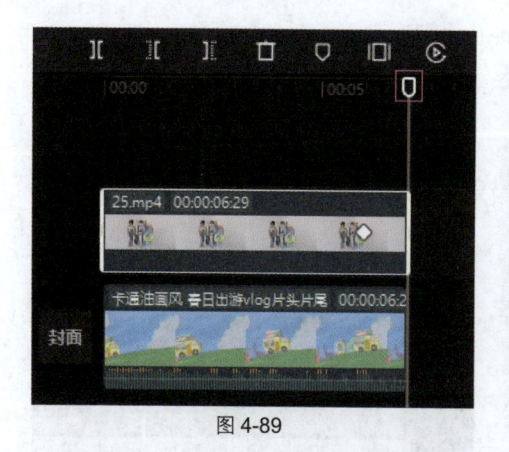

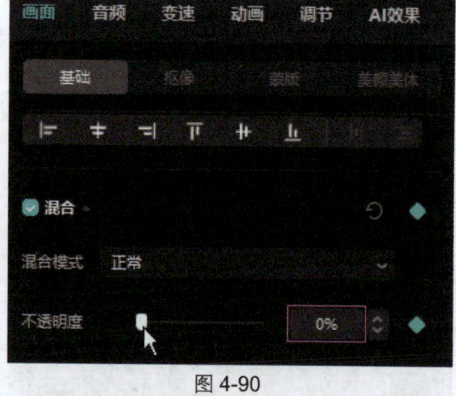

图 4-90

步骤12 在时间轴中可以看到自动添加了第 2 个关键帧，如图 4-91 所示。同时，在"播放器"面板中可以看到当"不透明度"为 0% 时，抠取的人物图像被隐藏起来，如图 4-92 所示。

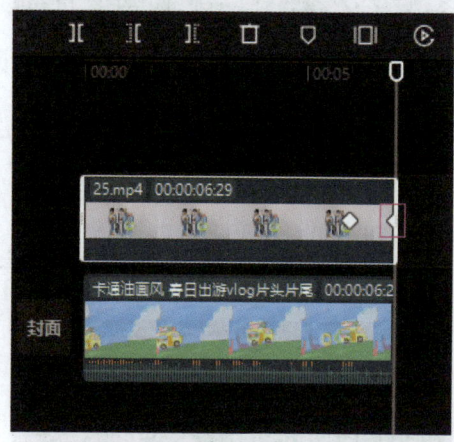

图 4-91

图 4-92

5 字幕和贴纸：让作品不再单调 ▶

观看短视频的行为是一个被动接收信息的过程，大多数时候，观众很难集中注意力。为了帮助观众更好地理解和接受作品的内容，可以为作品添加字幕。此外，还可以添加一些趣味性强、与主题紧密相关的贴纸，如动态的表情包、流行的网络搞笑图片、引导观众互动的按钮等，以丰富作品的表现形式，增强作品对观众的吸引力。本章将详细介绍如何使用剪映为短视频添加字幕和贴纸。

01 使用"智能包装"功能一键添加字幕

剪映的"智能包装"功能通过自动套用不同风格的模板（含字幕、滤镜、转场等），使内容更生动有趣，从而提升视频质量。本节将使用该功能为视频添加字幕。

步骤01 在手机上打开剪映，点击首页中的"开始创作"按钮，如图 5-1 所示。

步骤02 在打开的手机相册界面中，❶选中需要添加字幕的一段视频素材，❷然后点击右下角的"添加"按钮，如图 5-2 所示。

步骤03 导入视频素材后，点击底部工具栏中的"文本"按钮，如图 5-3 所示。

图 5-1　　　　　图 5-2　　　　　图 5-3

步骤04 在弹出的二级工具栏中点击"智能包装"按钮，如图 5-4 所示。

字幕和贴纸：让作品不再单调　075

步骤05 剪映会开始智能识别视频素材的内容，并显示进度，如图 5-5 所示。稍等片刻，剪映会根据识别结果为视频添加字幕文本，如图 5-6 所示。

图 5-4 　　　　　　　图 5-5 　　　　　　　图 5-6

02 使用"智能文案"功能一键生成字幕

剪映的"智能文案"功能可根据用户输入的提示词快速生成文案，从而简化了视频内容创作的流程。

步骤01 在手机上打开剪映，导入视频素材，点击工具栏中的"文本"按钮，如图 5-7 所示。

步骤02 在弹出的二级工具栏中点击"智能文案"按钮，如图 5-8 所示。

步骤03 弹出"智能文案"面板，❶点击"写讲解文案"按钮，❷输入提示词"写一段关于精致生活的讲解文案，100 字以内"，❸点击"发送"按钮，如图 5-9 所示。

图 5-7 　　　　　　　图 5-8 　　　　　　　图 5-9

076　剪映+AI 短视频制作从入门到精通

步骤04 稍等片刻，AI 会根据提示词生成多篇文案。❶通过点击"上一个 / 下一个"按钮来切换浏览不同的文案，❷挑选出满意的文案后点击"确认"按钮，如图 5-10 所示。

步骤05 ❶在弹出的面板中选择默认的"仅添加文本"方式，❷勾选"自动拆分成字幕"复选框，❸点击"添加至轨道"按钮，如图 5-11 所示。

步骤06 稍等片刻，文案会被自动拆分成字幕，并生成相应的字幕轨道，如图 5-12 所示。随后可根据喜好调整字幕的大小和位置等，以得到更满意的效果。

图 5-10 　　　　　　　图 5-11 　　　　　　　图 5-12

03 使用"AI 生成"功能创作文字效果

剪映的"文本"素材库中预置了多种文字效果，但仍不能满足每位用户的个性化需求。为了解决这一问题，剪映新增了"AI 生成"功能，允许用户根据自己的创意生成文字效果。

步骤01 在计算机上打开剪映，创建新项目，导入一段视频素材，并将其添加到视频轨道上，如图 5-13 所示。

步骤02 ❶单击"文本"按钮，打开"文本"素材库，❷在左侧单击"AI 生成"按钮，❸在右侧输入文字和效果描述，❹单击"立即生成"按钮，如图 5-14 所示。

字幕和贴纸：让作品不再单调　077

图 5-13 　　　　　　　　　　　图 5-14

步骤03 在弹出的"授权提示"对话框中单击"允许"按钮。稍等片刻，AI 会根据输入的文字内容和效果描述生成文字效果。将鼠标指针放在生成的文字效果上，单击右下角的"应用"按钮，如图 5-15 所示。

步骤04 ❶文字效果会被添加到字幕轨道上，❷在"播放器"面板中拖动文字效果，调整其位置，如图 5-16 所示。

图 5-15 　　　　　　　　　　　图 5-16

> **提示**
> 如果对生成的文字效果不满意，可单击"重新生成"按钮 🔄 来重新生成；也可单击"重新编辑"按钮 ✏️，修改文字内容和效果描述后重新生成。

04 手动添加字幕并设置字幕样式

除了智能生成字幕内容和字幕效果，剪映也允许用户手动添加字幕，并根据创作需求调整字幕的字体、字号、颜色等属性，以确保字幕既清晰可读，又能与画面内容和谐相融。

步骤01 在计算机上打开剪映，创建新项目，导入需要添加字幕的视频素材，如图5-17所示。

步骤02 ❶单击"文本"按钮，打开"文本"素材库，❷单击"新建文本"按钮，❸然后单击"默认文本"右下角的"添加到轨道"按钮，如图5-18所示。

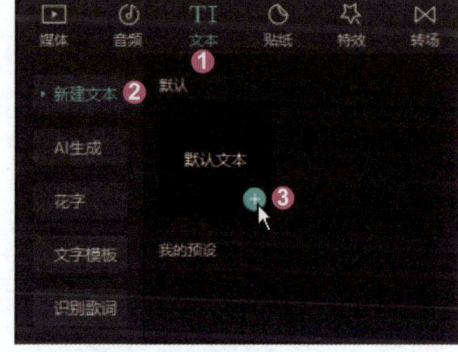

图 5-17

图 5-18

步骤03 在"播放器"面板中可以预览添加的默认文本，如图5-19所示。

步骤04 ❶展开"文本"面板，❷在文本框中输入字幕的文本内容，如"奇妙的海底世界"，❸在下方根据需求适当设置"字体""字号""颜色""字间距"等选项，如图5-20所示。

图 5-19

图 5-20

步骤05 向下拖动"文本"面板右侧的滚动条以显示更多选项。❶启用并展开"描边"选项组，❷拖动下方的"粗细"滑块，调整描边的粗细，如图5-21所示。

步骤06 在"播放器"面板中预览设置后的字幕效果，如图5-22所示。

字幕和贴纸：让作品不再单调 **079**

图 5-21　　　　　　　　　　　　　图 5-22

步骤07　每段字幕的默认时长为 3 秒，可根据需求调整时长。将鼠标指针放在字幕结束处，当指针变为双向箭头时，按住左键不放并向左拖动，如图 5-23 所示。

步骤08　释放鼠标，缩短字幕时长，如图 5-24 所示。如需延长时长，则向右拖动。

图 5-23　　　　　　　　　　　　　图 5-24

05 添加花字丰富字幕效果

剪映的"花字"功能实际上是一些预置的美化效果，这些效果通常具有丰富的颜色、描边、阴影和标签等设计元素，可以吸引观众的注意力。借助"花字"功能，用户可以轻松地为视频添加个性化的字幕。

步骤01　在计算机上打开剪映，创建新项目，导入需要添加字幕的视频素材，并将其添加到视频轨道上。使用上一节讲解的方法添加默认文本，在"播放器"面板中将添加的默认文本移动到画面下方合适的位置上，如图 5-25 所示。

步骤02　❶展开"文本"面板，❷在文本框中输入字幕的文本内容，❸将字体设置为"快乐体"，❹将"字号"设置为 12，如图 5-26 所示。

080　剪映+AI 短视频制作从入门到精通

图 5-25

图 5-26

步骤03 ❶切换至"花字"选项卡,❷单击选择一种花字样式,如图 5-27 所示。

步骤04 在"播放器"面板中预览应用所选花字样式后的字幕,如图 5-28 所示。

图 5-27

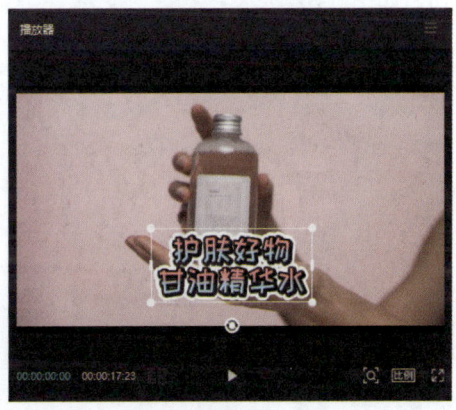

图 5-28

06 套用"文字模板"快速创建动画字幕

剪映的"文字模板"中预置了丰富多彩的字幕模板,选择某个模板后修改模板中的示例文字,即可快速制作出生动有趣的动画字幕。

步骤01 在计算机上打开剪映,创建新项目,导入需要添加字幕的视频素材,如图 5-29 所示,并将其添加到视频轨道上。

步骤02 ❶单击"文本"按钮,打开"文本"素材库,❷单击"文字模板"按钮,如图 5-30 所示。

图 5-29 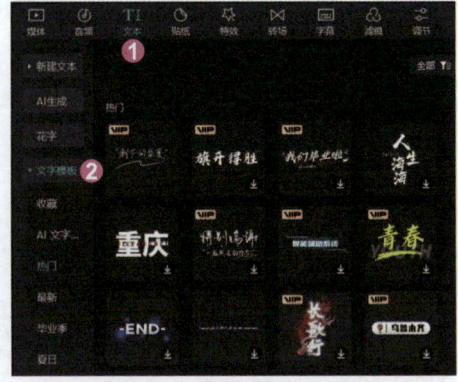　　　　　　　　　　　　　　图 5-30

步骤03 ❶单击"亲子"标签，❷在右侧选择一个喜欢的模板，单击模板右下角的"下载"按钮，下载模板，如图 5-31 所示。下载完成后，❸单击"添加到轨道"按钮，如图 5-32 所示。

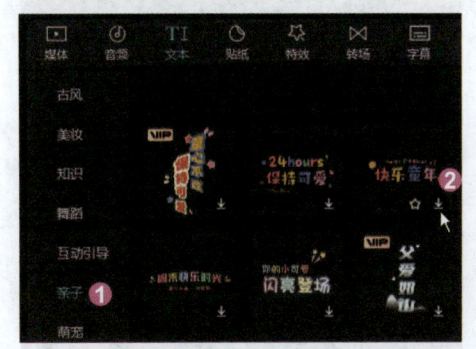

图 5-31 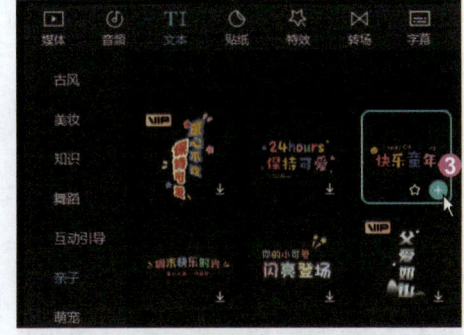　　　　　　　　　　　　　　图 5-32

步骤04 ❶所选文字模板被添加至字幕轨道，❷向右拖动时间线，如图 5-33 所示。

步骤05 在"播放器"面板中可预览模板的效果，向内拖动模板右下角的控制点，适当缩小模板，如图 5-34 所示。

图 5-33 　　　　　　　　　　　　　　图 5-34

步骤06 接着修改模板的文本内容，需要注意的是，不同模板包含的文本数量不同。❶展开"文本"面板，可看到当前模板包含两段文本，❷这里只修改第 1 段文本，如图 5-35 所示。

步骤07 在"播放器"面板中可预览修改文本后的效果，如图 5-36 所示。

图 5-35 　　　　　　　　　　图 5-36

07 使用"智能字幕"功能将语音转换成字幕

为包含旁白语音的视频添加字幕时，除了需要准确无误地转录旁白内容，还需要确保字幕与旁白完全同步，非常费时费力。本节将使用剪映的"智能字幕"功能智能识别旁白语音，并将其转换为字幕文本，从而大幅提高工作效率。

步骤01 在计算机上打开剪映，创建新项目，并导入视频素材，如图 5-37 所示。

步骤02 ❶单击"文本"按钮，打开"文本"素材库，❷单击"智能字幕"按钮，❸单击右侧的"开始识别"按钮，如图 5-38 所示。如果当前视频中已有字幕，则需要勾选"同时清空已有字幕"复选框，先清空已有的字幕，再开始识别。

图 5-37 　　　　　　　　　　图 5-38

字幕和贴纸：让作品不再单调　083

步骤03　稍等片刻，剪映会自动识别语音并将其转换为字幕。预览生成的字幕，会发现可能存在识别错误，需进行人工修正。如图5-39所示，旁白语音中的"职场人"被错误地识别成了"致常人"。

步骤04　在时间轴中单击选中识别错误的字幕，如图5-40所示。

图5-39 　　　　　　　　　　　　图5-40

步骤05　❶展开"文本"面板，❷将文本框中的"致常"修改为"职场"，如图5-41所示。

步骤06　"智能字幕"功能生成的字幕默认为黑体、白色的样式，可根据创作需求修改样式。单击"预设样式"下的一种样式，如图5-42所示。

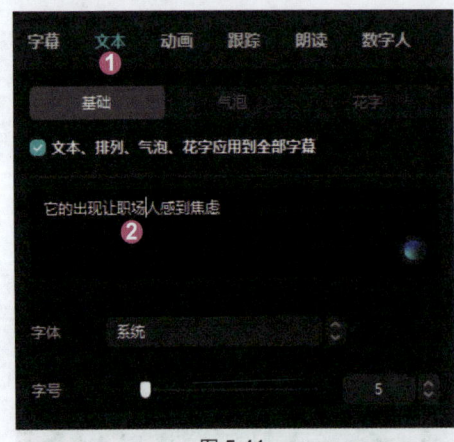

图5-41 　　　　　　　　　　　　图5-42

步骤07　在"位置"选项右侧更改Y坐标值，将字幕向下移动一定距离，如图5-43所示。

步骤08　设置后在"播放器"面板中可预览字幕效果，如图5-44所示。相同的设置会自动应用到其他字幕上。

图 5-43    图 5-44

08 使用"识别歌词"功能生成歌词字幕

　　如果要为包含歌曲音频的视频添加同步的歌词字幕，可以使用剪映的"识别歌词"功能。该功能目前支持识别中文和英文两种语言的歌词。

步骤01　在计算机上打开剪映，创建新项目，导入一段包含歌曲音频的视频素材，如图 5-45 所示。

步骤02　❶单击"文本"按钮，打开"文本"素材库，❷单击"识别歌词"按钮，❸在"字幕语言"下拉列表框中根据歌曲的实际情况选择歌词的语言，❹单击"开始识别"按钮，如图 5-46 所示。如果视频中已有歌词字幕，需勾选"同时清空已有字幕"复选框，先清空已有的歌词字幕，再开始识别。

图 5-45    图 5-46

步骤03　稍等片刻，剪映会自动识别歌词并生成字幕，如图 5-47 所示。在"播放器"面板中可预览字幕效果，如图 5-48 所示。

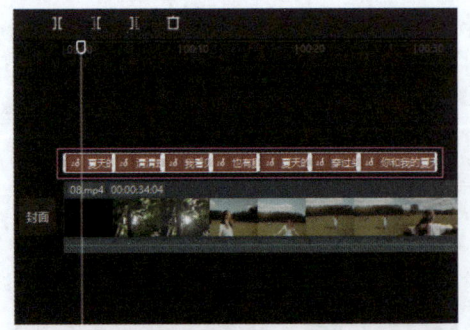

图 5-47 　　　　　　　　　　　　　　　图 5-48

步骤04　❶展开"文本"面板，❷在"基础"选项卡下将"字体"设置为"默陌手写"，❸将"字号"设置为8，如图5-49所示。

步骤05　❶启用并展开"阴影"选项组，❷将"颜色"设置为橙色，❸将"模糊度"设置为4%，❹将"距离"设置为6，如图5-50所示。

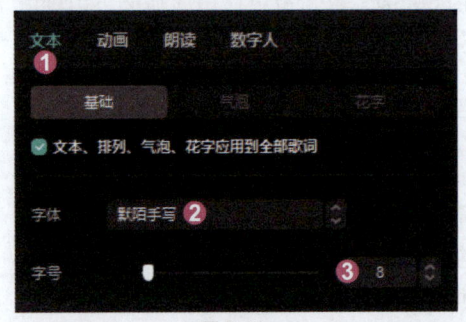

图 5-49 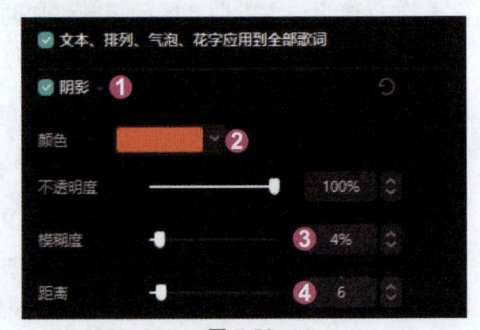　　　　　　　　　　　　　　　图 5-50

步骤06　❶在"播放器"面板中可以预览设置后的歌词字幕，❷单击"播放"按钮播放视频，如图5-51所示。

步骤07　可以看到所有的歌词字幕都应用了相同的设置，如图5-52所示。

图 5-51 　　　　　　　　　　　　　　　图 5-52

09 添加动画让文字动起来

在视频中添加文字后，可以为这些文字添加丰富多彩的动画效果，让它们以渐显、弹跳、滑动、旋转等独特而生动的方式出现在屏幕上，从而增强作品的视觉吸引力，迅速抓住观众的眼球。

步骤01 继续上一节的操作。选中字幕轨道上的第 1 段歌词字幕，如图 5-53 所示。

步骤02 ❶展开"动画"面板，❷切换至"入场"选项卡，❸单击选择一种动画效果，❹拖动下方的"动画时长"滑块，调整动画时长，如图 5-54 所示。

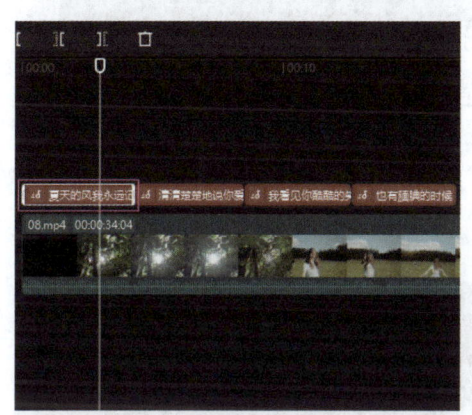

图 5-53 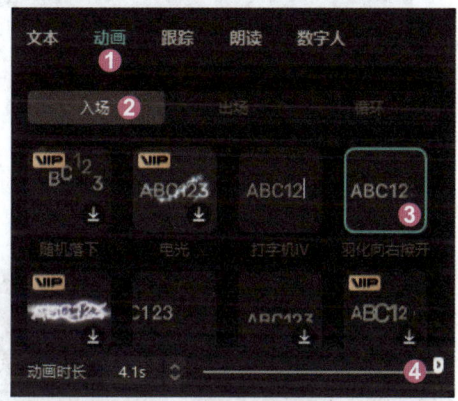　　　　　　　　　图 5-54

提示

剪映提供的动画效果分为入场、出场、循环 3 种类型，本案例只介绍了入场动画的相关操作。出场动画和循环动画的相关操作也是类似的，在对应的选项卡下进行设置即可，这里不再赘述。

步骤03 接着为另外几段歌词字幕也添加相同的动画效果。❶右键单击已添加动画效果的第 1 段歌词字幕，❷在弹出的快捷菜单中单击"复制属性"命令，如图 5-55 所示。

图 5-55

字幕和贴纸：让作品不再单调　087

步骤04 ❶在时间轴上拖动鼠标，如图5-56所示，❷选中另外几段歌词字幕，如图5-57所示。

图5-56

图5-57

步骤05 ❶右键单击选中的歌词字幕，❷在弹出的快捷菜单中单击"粘贴属性"命令，如图5-58所示。

步骤06 弹出"粘贴属性"对话框，❶勾选"入场动画"复选框，❷然后单击"粘贴"按钮，如图5-59所示，粘贴动画效果。

图5-58

图5-59

步骤07 单击"播放器"面板中的"播放"按钮播放视频，如图5-60所示，可看到另外几段歌词字幕也应用了相同的入场动画效果，如图5-61所示。

图5-60

图5-61

10 添加贴纸增加视频趣味性

贴纸是短视频创作中一种常用的图形装饰元素，可以起到增强趣味性、彰显个性、提升视觉表现力等作用。剪映预置了大量贴纸素材，包括卡通形象、图案、动态效果等，极大地方便了用户的创作。

步骤01 在计算机上打开剪映，创建新项目，导入视频素材，如图 5-62 所示。将时间线拖动到需要开始显示贴纸的位置，如图 5-63 所示。

图 5-62

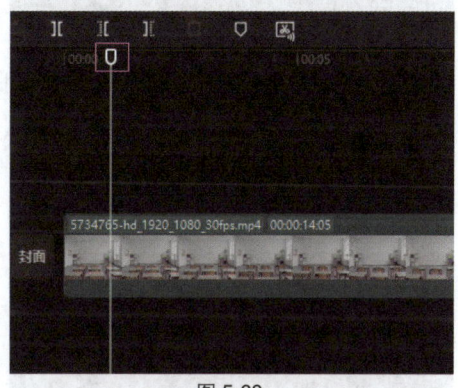

图 5-63

步骤02 ❶单击"贴纸"按钮，打开"贴纸"素材库，❷单击"贴纸素材"按钮，展开贴纸素材，❸然后单击下方的"毕业"标签，在该类别下选择一张喜欢的贴纸，❹单击右下角的"下载"按钮，下载贴纸，如图 5-64 所示。

步骤03 下载完毕后，单击贴纸右下角的"添加到轨道"按钮，如图 5-65 所示。

图 5-64

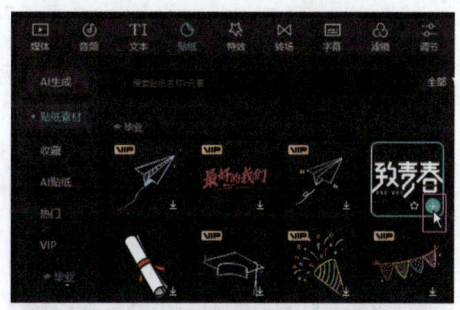

图 5-65

步骤04 在"播放器"面板中可预览添加的贴纸。选中并拖动贴纸，调整其位置，如图 5-66 所示。

步骤05 向内拖动贴纸任意一角的控制点，缩小贴纸，如图 5-67 所示。如需放大贴纸，则向外拖动控制点。

字幕和贴纸：让作品不再单调 **089**

图 5-66 　　　　　　　　　　　　　　图 5-67

步骤06　在"贴纸"素材库中下载另一张贴纸,并将其添加到轨道,如图 5-68 所示。在"播放器"面板中预览新添加的贴纸,如图 5-69 所示。

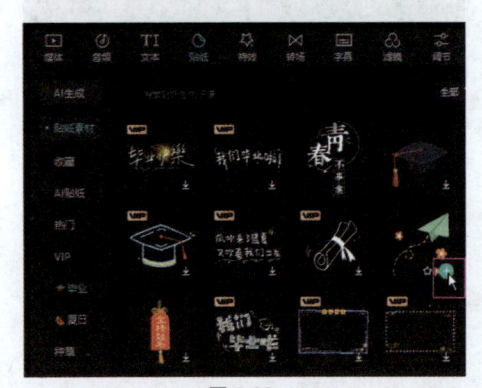

图 5-68 　　　　　　　　　　　　　　图 5-69

步骤07　❶展开"贴纸"面板,❷将"缩放"设置为 21%,缩小贴纸,❸将"旋转"设置为 23°,改变贴纸的角度,如图 5-70 所示。

步骤08　在"播放器"面板中将贴纸移动至合适的位置,如图 5-71 所示。

图 5-70 　　　　　　　　　　　　　　图 5-71

11 使用 AI 生成个性化贴纸素材

如果"贴纸"素材库中的预置贴纸无法满足用户的个性化需求,还可以使用剪映的"AI 生成"功能生成贴纸。用户只需输入提示词,AI 便能快速生成相应的贴纸素材,极大地拓展了视频制作的创意空间。

步骤01 在计算机上打开剪映,创建新项目,并导入视频素材。使用前面介绍的方法在视频中添加文字,如图 5-72 所示。

步骤02 ❶展开"动画"面板,❷在"入场"选项卡下选择"渐显"动画,❸将"动画时长"设置为 1 秒,如图 5-73 所示。

图 5-72 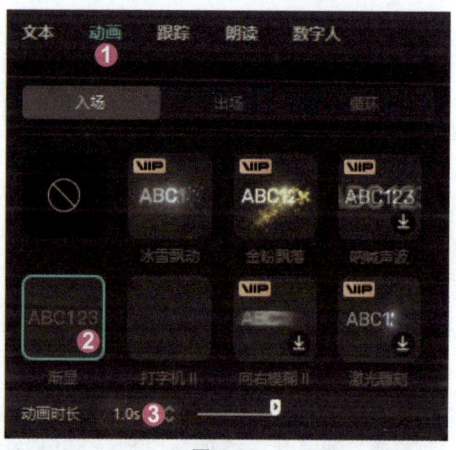　　　　　　图 5-73

步骤03 ❶单击"贴纸"按钮,打开"贴纸"素材库,❷单击"AI 生成"按钮,❸在"描述画面"文本框中输入提示词,❹单击"立即生成"按钮,如图 5-74 所示。

步骤04 在弹出的"授权提示"对话框中单击"允许"按钮。稍等片刻,AI 会根据提示词生成 4 张贴纸。挑选一张满意的贴纸,单击其右下角的"应用"按钮,如图 5-75 所示,该贴纸即被添加到画面中。

图 5-74 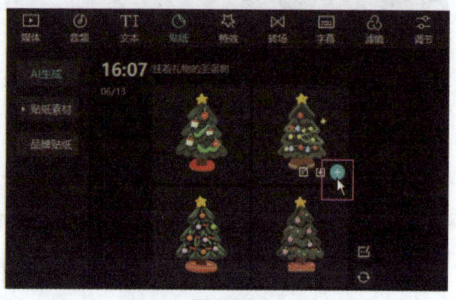　　　　　　图 5-75

字幕和贴纸:让作品不再单调　091

> **提示**
>
> 如果对 AI 生成的贴纸不满意，可以单击"重新生成"按钮 ⟳，使用相同的设置重新生成贴纸；也可以单击"重新编辑"按钮 ✎，修改提示词后再生成贴纸。对于生成的贴纸，可以单击下方的"下载"按钮 ⬇，将其下载并保存到计算机中，以便在其他项目中使用。

步骤05 在"播放器"面板中拖动贴纸任意一角的控制点，将贴纸调整至合适的大小，如图 5-76 所示。

步骤06 将调整大小后的贴纸拖动至合适的位置，如图 5-77 所示。

图 5-76 　　　　　　　　　　图 5-77

步骤07 ❶展开"动画"面板，❷切换至"循环"选项卡，❸单击选择"摇摆"动画，如图 5-78 所示。

步骤08 将鼠标指针放在贴纸结束显示处，当指针变为双向箭头时，按住左键不放并向左拖动，如图 5-79 所示，缩短贴纸的显示时长。

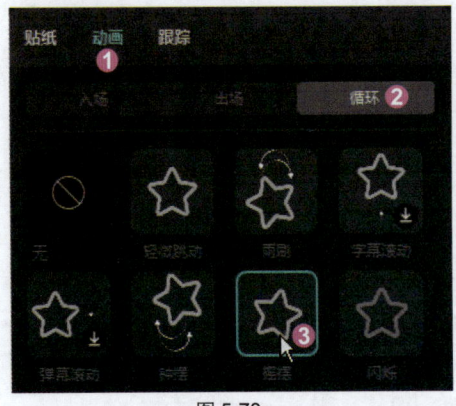

图 5-78 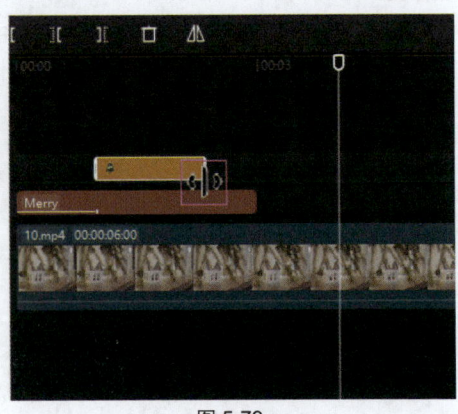　　　　　　　　　　图 5-79

步骤09 将时间线移至贴纸开始显示处，如图 5-80 所示，按快捷键〈Ctrl+C〉，复制贴纸。

步骤10 按快捷键〈Ctrl+V〉，粘贴复制的贴纸，如图 5-81 所示。

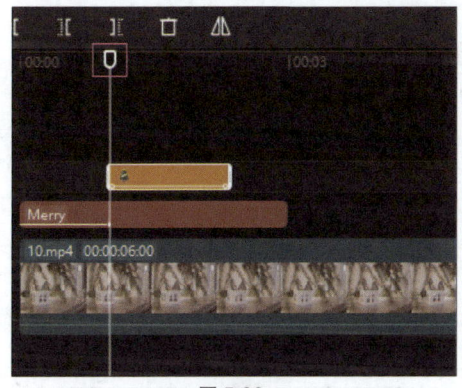

图 5-80

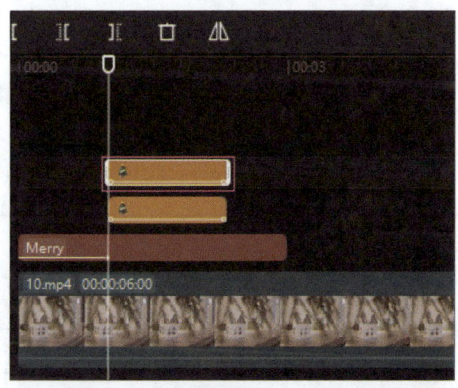

图 5-81

步骤11 在"播放器"面板中选中复制的贴纸，将其移动到文字的另一侧，然后稍微缩小一些，如图 5-82 所示。

图 5-82

字幕和贴纸：让作品不再单调 093

6 配音和配乐：营造视频氛围 ▶

恰到好处的配音和配乐能够为视频画面赋予鲜活的生命和深刻的情感，是引导观众产生共鸣、深化作品意境的重要因素。本章将讲解如何在视频创作过程中使用剪映处理配音和配乐。

01 使用"克隆音色"功能生成专属配音

剪映的"克隆音色"功能利用 AI 技术捕捉并模仿特定声音的特点，生成与原声高度相似的人声音频。借助这一强大的功能，用户可以创建自己的"语音分身"，打造出极具个人特色的配音效果。

步骤01 在手机上打开剪映，导入几段视频素材，点击工具栏中的"音频"按钮，如图 6-1 所示。

步骤02 在弹出的二级工具栏中点击"克隆音色"按钮，如图 6-2 所示。

步骤03 弹出对话框，❶勾选下方的复选框，表示已阅读并同意相关使用规范，❷点击"去录制"按钮，如图 6-3 所示。

图 6-1 　　　　　图 6-2 　　　　　图 6-3

094　剪映+AI 短视频制作从入门到精通

步骤04 进入"录制音频"界面,点击"点击或长按进行录制"按钮,如图6-4所示。在弹出的对话框中点击"允许"按钮,允许剪映访问麦克风,如图6-5所示。

步骤05 对着手机朗读界面中显示的例句,朗读完毕后,再次点击"点击或长按进行录制"按钮停止录制,如图6-6所示。

图6-4 　　　　　图6-5 　　　　　图6-6

步骤06 随后AI会根据录制的声音完成音色的克隆。在"音色命名"文本框中可修改音色的名称,这里不做修改。点击"保存音色"按钮,保存音色,如图6-7所示。

步骤07 在弹出的"使用克隆音色朗读文本"对话框中点击"立即使用"按钮,如图6-8所示。

步骤08 ❶选中保存的"音色01",❷点击"去生成朗读"按钮,如图6-9所示。

图6-7 　　　　　图6-8 　　　　　图6-9

配音和配乐:营造视频氛围　095

步骤09 ❶输入需要朗读的文本，❷点击右上角的"应用"按钮，如图 6-10 所示。也可点击底部的"智能文案"按钮，让 AI 根据用户输入的主题撰写文案。

步骤10 稍等片刻，在音频轨道中会显示生成的音频，如图 6-11 所示。

步骤11 ❶将时间线拖动到视频画面结束处，❷点击工具栏中的"分割"按钮，如图 6-12 所示，从当前时间点将音频分割成两个片段，默认选中第 2 个片段。

图 6-10 　　　　　　　图 6-11 　　　　　　　图 6-12

步骤12 点击工具栏中的"删除"按钮，如图 6-13 所示。

步骤13 ❶在弹出的对话框中勾选"下次不再提示"复选框，❷点击"确认删除"按钮，如图 6-14 所示，删除所选片段。

步骤14 点击右上角的"导出"按钮，导出添加配音后的视频，如图 6-15 所示。

图 6-13 　　　　　　　图 6-14 　　　　　　　图 6-15

02 后期录音确保音频质量

在制作带旁白的视频时，如果在拍摄现场同步录制旁白，往往会因环境因素的干扰，导致噪声过多或音量过小等问题。为了确保音频的质量，许多创作者会在视频画面编辑完成后再录制旁白。在剪映中，使用"录音"功能可以轻松录制旁白，并且可以对录制的声音进行变声处理，起到保护隐私或增加趣味性的作用。

步骤01 在计算机上打开剪映，创建新项目，导入需要配音的一段视频素材，如图6-16所示。

步骤02 将视频素材添加到视频轨道中，单击工具栏中的"录音"按钮，如图6-17所示。

图 6-16

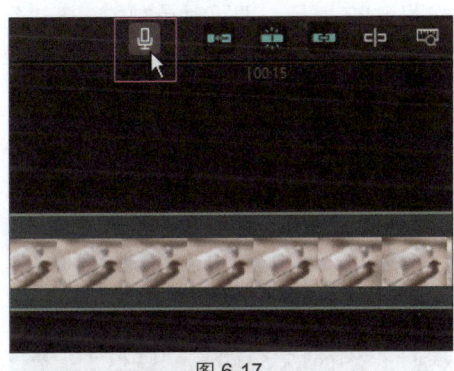

图 6-17

步骤03 弹出"录音"对话框，❶在对话框中勾选"回声消除"复选框，❷单击录制按钮，如图6-18所示，开始录制语音。

步骤04 录制完成后，再次单击录制按钮停止录制，如图6-19所示。

图 6-18

图 6-19

步骤05 在"媒体"素材库中可看到生成的音频素材"录音1"，如图6-20所示。同时该音频素材会被自动添加到时间轴中的音频轨道上，如图6-21所示。

配音和配乐：营造视频氛围 097

图 6-20 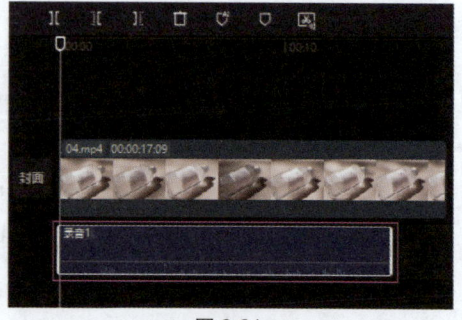　　　　　　　　　　　　　　图 6-21

步骤06 单击"录音"对话框右上角的"关闭"按钮，如图 6-22 所示，关闭对话框。

步骤07 ❶展开"声音效果"面板，❷在"音色"选项卡下单击选择一种声音效果，如图 6-23 所示，即可对录制的声音进行变声处理。

图 6-22 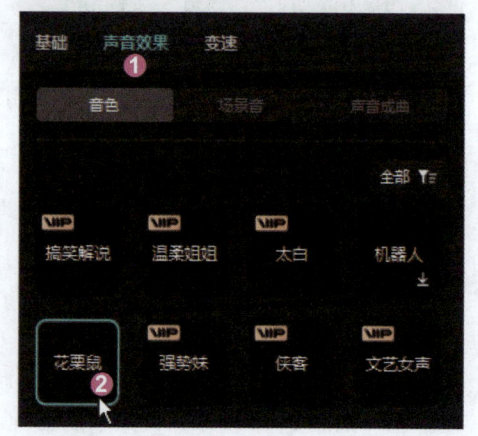　　　　　　　　　　　　　　图 6-23

03 使用"文本朗读"功能将文本转换成语音

如果需要为视频添加旁白语音又不想亲自录制，可以使用剪映的"文本朗读"功能将文本转换成流畅自然的旁白语音。该功能提供多种音色选项，包括不同的性别、年龄和情感色彩，让用户可以根据视频内容选择最合适的音色。

步骤01 在计算机上打开剪映，创建新项目，导入一段视频素材，并将其添加到视频轨道中。将时间线拖动到需要开始出现旁白的位置，如图 6-24 所示。

步骤02 ❶单击"文本"按钮，打开"文本"素材库，❷单击"新建文本"按钮，❸然后单击"默认文本"右下角的"添加到轨道"按钮，如图 6-25 所示。

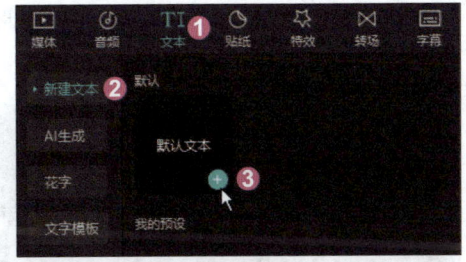

图 6-24

图 6-25

步骤03 ❶展开"文本"面板，❷在文本框中输入第 1 段旁白文本，❸将"字号"设置为 7，❹将"位置"选项的 Y 坐标值设置为 -840，如图 6-26 所示。

步骤04 设置完毕后，在"播放器"面板中预览第 1 段旁白字幕，如图 6-27 所示。

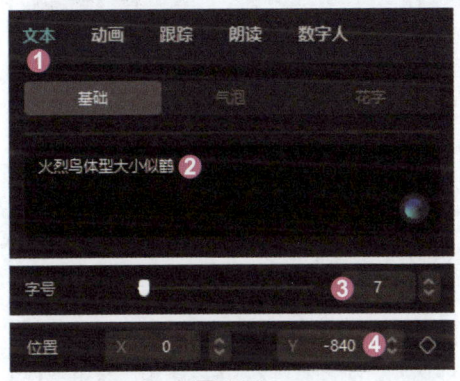

图 6-26

图 6-27

步骤05 ❶展开"朗读"面板，❷单击"热门"标签，❸在筛选结果中单击选择一种音色，❹勾选"朗读跟随文本更新"复选框，❺单击"开始朗读"按钮，如图 6-28 所示。

步骤06 随后 AI 会根据文本和所选音色生成旁白语音，如图 6-29 所示。

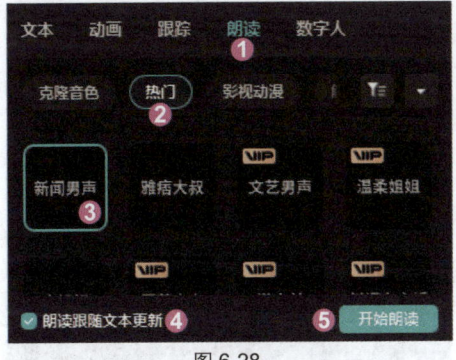

图 6-28

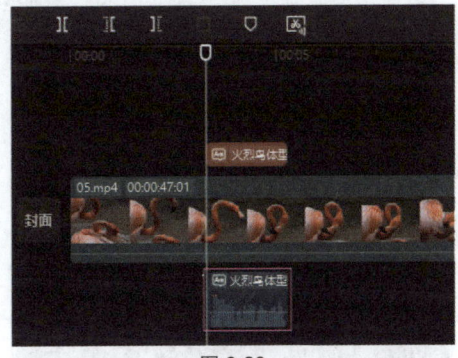

图 6-29

配音和配乐：营造视频氛围 099

步骤07 使用相同的方法，向右拖动时间线，继续在其他时间点添加旁白字幕和语音，如图 6-30 所示。

图 6-30

> **提示**
> 如果只需要保留旁白语音，不需要在画面中显示旁白字幕，可选中字幕轨道中的字幕，然后单击工具栏中的"删除"按钮，删除字幕。

04 使用"数字人"功能创建虚拟主播

剪映的"数字人"功能让用户不必亲自出镜就能快速创建虚拟主播。这些数字人不仅拥有多样化的形象选择，还能根据用户输入的文本进行语音播报，实现声音与形象的完美结合。

步骤01 在计算机上打开剪映，创建新项目，导入一段视频素材，并将其添加到视频轨道中，如图 6-31 所示。

步骤02 ❶单击"文本"按钮，打开"文本"素材库，❷单击"新建文本"按钮，❸再单击"默认文本"右下角的"添加到轨道"按钮，如图 6-32 所示。

图 6-31 　　　　　　图 6-32

100　剪映+AI 短视频制作从入门到精通

步骤03　❶展开"文本"面板，❷在文本框中输入口播文稿，如图6-33所示。

步骤04　❶展开"数字人"面板，❷单击选择一个数字人形象，❸单击"添加数字人"按钮，如图6-34所示。

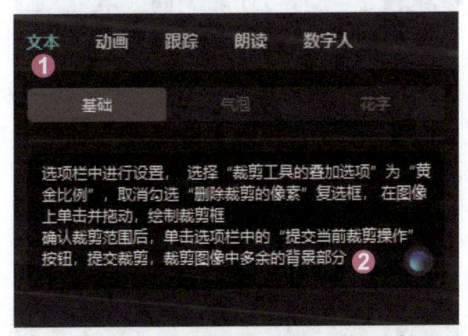

图 6-33

图 6-34

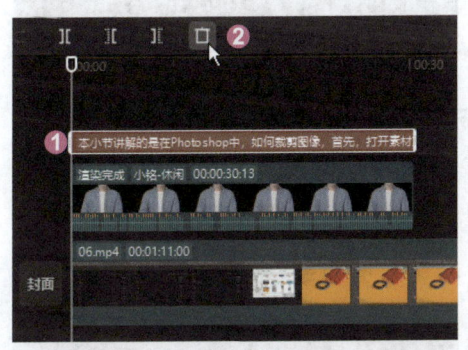

步骤05　稍等片刻，AI会根据口播文稿和所选的形象生成数字人口播视频和对应的字幕。这里不需要在视频画面中显示字幕，❶单击选中轨道上的字幕，❷然后单击工具栏中的"删除"按钮，如图6-35所示，删除字幕。

步骤06　❶展开"画面"面板，❷切换至"蒙版"选项卡，❸单击选择"圆形"蒙版，如图6-36所示，为数字人添加蒙版。

图 6-35

图 6-36

步骤07　继续设置蒙版的位置和尺寸，让画面中只显示数字人的头部。❶将"位置"选项的X和Y坐标值分别设置为20和340，❷将"大小"选项的长和宽均设置为623，如图6-37所示。在"播放器"面板中可预览设置效果，如图6-38所示。

步骤08　继续进行设置，将添加蒙版后的数字人移到画面右下角。❶切换至"基础"选项卡，❷将"位置"选项的X和Y坐标值分别设置为1450和-1000，如图6-39所示。在"播放器"面板中可预览设置效果，如图6-40所示。

配音和配乐：营造视频氛围　101

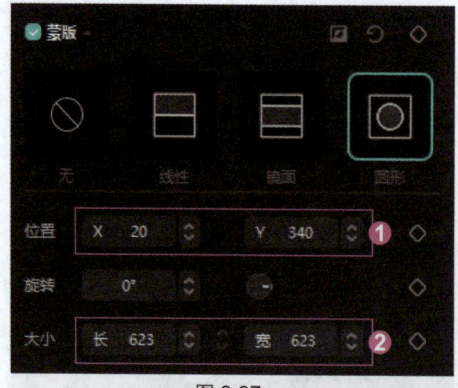

图 6-37

图 6-38

图 6-39

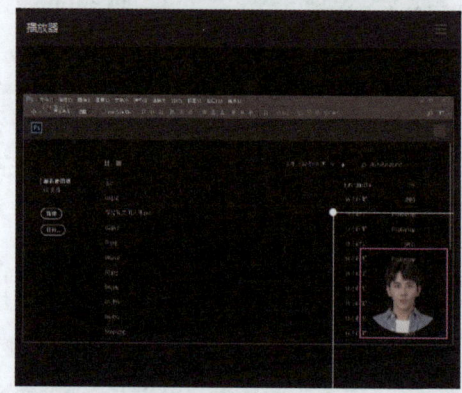

图 6-40

步骤09 ❶切换至"背景"选项卡，❷启用并展开"背景"选项组，如图 6-41 所示。为数字人添加默认的白色背景，效果如图 6-42 所示。

图 6-41

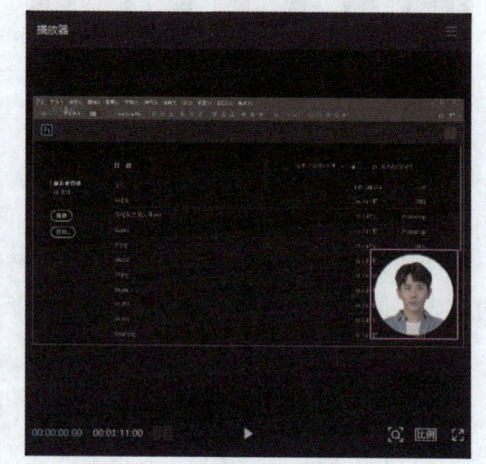

图 6-42

05 添加音效提升观看体验

为短视频作品添加音效可以起到营造氛围、突出重点、增强真实感、提高趣味性等作用。剪映内置了丰富的音效素材，便于用户根据创作需求为作品添加音效。

步骤01 在计算机上打开剪映，创建新项目，导入一段视频素材，并将其添加到视频轨道中，如图 6-43 所示。

步骤02 ❶单击"音频"按钮，打开"音频"素材库，❷单击"音效素材"按钮，❸在右侧的搜索框中输入关键词，如"雨声"，按〈Enter〉键进行搜索，❹在搜索结果中选择一个合适的素材，单击"添加到轨道"按钮，如图 6-44 所示。

图 6-43

图 6-44

步骤03 ❶所选音效素材被添加到音频轨道中，❷将时间线移到视频画面结束处，❸单击工具栏中的"向右裁剪"按钮，如图 6-45 所示，将当前时间点之后的多余音效素材片段删除，效果如图 6-46 所示。

图 6-45

图 6-46

> **提示**
>
> 在视频拍摄现场同步录制音效（又称现场收音）的不可控因素较多，难度较大，因此，一般都是在后期剪辑中添加音效。需要注意的是，应根据视频的内容和氛围选择合适的音效，并确保音效与视频中的动作或事件精确同步，使音效成为视觉内容的自然延伸。此外，还要注意不能过度使用音效，以免分散观众的注意力。

06 添加音乐库中的音乐

配乐是视频作品不可或缺的一部分，它可以起到表达情感、烘托氛围、提升节奏感、强化记忆点等作用。剪映的音乐库提供多种风格和类型的音乐素材，能够很好地满足不同的创作需求。

步骤01 在计算机上打开剪映，创建新项目，导入一段视频素材，并将其添加到视频轨道中，如图 6-47 所示。

步骤02 ❶单击"音频"按钮，打开"音频"素材库，❷单击"音乐素材"按钮，❸单击"VLOG"标签，❹单击选中一首音乐素材，即可试听其效果，❺若感到满意，单击音乐素材右下角的"添加到轨道"按钮，如图 6-48 所示。

图 6-47 　　　　　　　　　　图 6-48

步骤03 ❶所选音乐素材被添加到音频轨道中，❷将时间线移到视频画面结束处，❸单击工具栏中的"向右裁剪"按钮，如图 6-49 所示，将当前时间点之后的多余音乐素材片段删除，效果如图 6-50 所示。

图 6-49 　　　　　　　　　　图 6-50

07 导入抖音账号收藏的音乐

剪映作为抖音官方推出的视频剪辑软件，能够直接导入抖音账号收藏的音频，作为视频的配乐，为创作者提供了极大的便利。

步骤01 在计算机上打开剪映，创建新项目，导入一段视频素材，并将其添加到视频轨道中，如图 6-51 所示。

步骤02 ❶单击"音频"按钮，打开"音频"素材库，❷单击"抖音收藏"按钮，❸再单击右侧的"抖音登录"按钮，如图 6-52 所示。

图 6-51

图 6-52

步骤03 弹出如图 6-53 所示的"登录"对话框，在对话框中选择登录方式，这里单击"通过抖音登录"按钮，然后按照提示进行登录操作。

步骤04 登录成功后，在"抖音收藏"选项卡中会显示当前用户收藏的所有音乐。挑选一首合适的音乐，单击其右下角的"添加到轨道"按钮，如图 6-54 所示。

图 6-53

图 6-54

步骤05 所选音乐素材被添加到音频轨道中，如图 6-55 所示。然后使用前面介绍的方法，将超出视频画面时长的多余音乐素材片段删除，这里不再赘述。

图 6-55

配音和配乐：营造视频氛围 105

> **提示**
>
> 在抖音 App 上观看视频时，如果喜欢当前视频的配乐，可先点击视频播放界面右下角的碟片图标，打开音乐的详情页面，再点击"收藏原声"按钮，即可收藏音乐。在抖音 App 首页点击右下角的"我"按钮，进入个人主页，选择"我的收藏"，在"音乐"选项卡下可查看已收藏的所有音乐。

08 导入抖音链接中的音乐

当我们在抖音上听到一首喜欢的音乐时，可以使用剪映的"链接下载"功能，将这首音乐添加到自己的视频作品中。

步骤01 在计算机上打开剪映，创建新项目，导入两段视频素材，如图 6-56 所示。将这两段素材拖动到时间轴中的视频轨道上，如图 6-57 所示。

图 6-56 　　　　　　图 6-57

步骤02 ❶用网页浏览器打开抖音（https://www.douyin.com/），找到喜欢的视频，❷单击视频右下角的"分享"按钮，❸在弹出的分享界面中单击"复制链接"按钮，复制视频链接，如图 6-58 所示。

图 6-58

步骤03　返回剪映，❶单击"音频"按钮，打开"音频"素材库，❷单击"链接下载"按钮，❸在右侧的文本框中单击，按快捷键〈Ctrl+V〉，粘贴上一步复制的链接，❹单击"下载"按钮，如图6-59所示。

步骤04　剪映会根据链接解析视频内容，解析完成后，会在下方显示从视频中提取出的音乐素材，单击右下角的"添加到轨道"按钮，如图6-60所示。

图6-59

图6-60

步骤05　提取出的音乐素材被添加至音频轨道，如图6-61所示。然后使用前面介绍的方法，将超出视频画面时长的多余音乐素材片段删除，这里不再赘述。

图6-61

09 为音频设置淡入/淡出效果

当音乐素材的时长大于视频画面的时长时，通常需要从音乐素材中截取片段以匹配画面内容，这会导致音乐的开始和结束听起来比较生硬和突兀。为了解决这一问题，可以在剪映中为音频的开头设置淡入效果，为音频的结尾设置淡出效果。

步骤01　继续上一节的操作，假设已将超出视频画面时长的多余音乐素材片段删除。在轨道上选中处理后的音乐素材，如图6-62所示。

图6-62

配音和配乐：营造视频氛围　107

步骤02 展开"基础"面板,将"淡入时长"设置为1.5秒,将"淡出时长"设置为2秒,如图6-63所示。这表示在开头的1.5秒内,音乐的音量将从静音逐渐升高到正常,在结尾的2秒内,音乐的音量将从正常逐渐降低到静音。

步骤03 设置完成后,音频轨道上音乐素材的开头部分会出现一个淡入效果标识,结尾部分则会出现一个淡出效果标识,如图6-64所示。

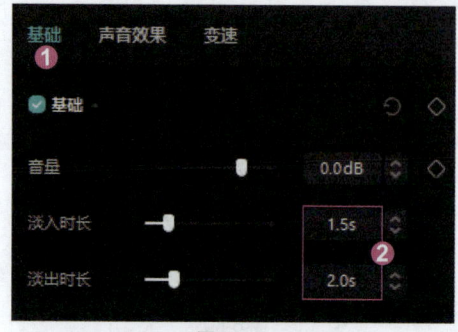

图 6-63

图 6-64

10 提取视频文件中的音频

在剪映中剪辑视频时,可利用"音频提取"功能从保存在本地硬盘上的视频文件中提取背景音乐,并将音乐添加到当前作品中。

步骤01 打开抖音PC版,找到要提取背景音乐的视频,❶单击视频右下角的"分享"按钮,❷在弹出的分享面板中单击"下载"按钮,如图6-65所示。

步骤02 弹出"选择抖音PC的下载路径"对话框,❶在对话框中选择保存视频文件的文件夹,❷单击"选择路径"按钮,如图6-66所示,将视频下载并保存至本地硬盘。

图 6-65

图 6-66

步骤03 在计算机上打开剪映,创建新项目,导入两段视频素材,如图6-67所示。将这两段素材添加到视频轨道中,如图6-68所示。

图 6-67

图 6-68

步骤04 ❶单击"音频"按钮,打开"音频"素材库,❷单击"音频提取"按钮,❸单击右侧的"导入"按钮,如图6-69所示。

步骤05 弹出"请选择媒体资源"对话框,❶在对话框中选中之前下载的视频文件,❷单击"打开"按钮,如图6-70所示。

图 6-69

图 6-70

步骤06 所选视频文件的音频部分会被提取出来并显示在素材库中,单击该音频素材右下角的"添加到轨道"按钮,如图6-71所示。

步骤07 ❶音频素材被添加至音频轨道,❷将时间线移至要裁剪音频的位置,❸单击工具栏中的"向右裁剪"按钮,如图6-72所示,删除当前时间点之后的音频片段。

图 6-71

图 6-72

配音和配乐:营造视频氛围 109

> **提示**
>
> 在剪映中，为了精确地分割或插入素材，有时需要逐帧移动时间线，这类操作可使用快捷键来完成。按〈←/→〉键可将时间线向前/向后移动 1 帧，按组合键〈Shift+←/→〉可将时间线向前/向后移动 10 帧。

步骤08 单击选中视频轨道上的第 1 段视频素材，如图 6-73 所示。

步骤09 ❶展开"变速"面板，❷向右拖动"倍数"滑块，如图 6-74 所示，加快所选视频素材的播放速度。使用相同的方法为第 2 段视频素材设置变速效果。

图 6-73 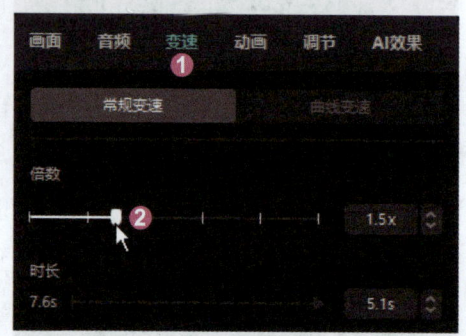　　　　　　　　　　　　图 6-74

步骤10 ❶将时间线移到音频结束处，❷单击工具栏中的"向右裁剪"按钮，如图 6-75 所示，删除当前时间点之后的视频片段，效果如图 6-76 所示。

图 6-75 　　　　　　　　　　　　图 6-76

> **提示**
>
> 在剪映中导出文件时，可通过勾选"音频导出"复选框，将音频单独导出为 MP3、WAV 等格式的音频文件。

11 调整音频的音量

在为视频添加配音或配乐后，可以根据视频内容的节奏、情感表达以及观众的听觉习惯，灵活地调整配音或配乐的音量，以打造最佳的视听效果。

步骤01 继续上一节的操作，选中音频轨道中的音频素材，如图 6-77 所示。

步骤02 ❶展开"基础"面板，❷向左拖动"音量"滑块，如图 6-78 所示，降低音频的音量。

图 6-77

图 6-78

步骤03 为了让音频的开始和结束更加自然，使用前面介绍的方法为音频设置时长均为 1 秒的淡入和淡出效果，如图 6-79 所示。设置完成后，在"播放器"面板中播放视频，即可试听调整后的音频效果。

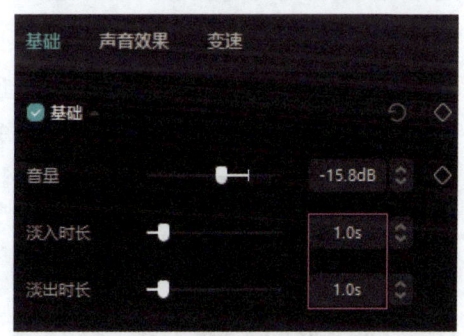

图 6-79

7 画面润饰：增加视频美感 ▶

为了确保作品最终的视觉呈现达到最佳状态，在后期剪辑中需要对视频画面进行润饰，相关操作主要是调色和修图。调色能修正因拍摄技术不足而导致的问题，如色彩偏差、曝光不足等；修图则能进一步消除瑕疵，增强画面的清晰度和细节表现。本章将详细介绍如何使用剪映完成视频的调色和修图。需要注意的是，在讲解过程中所设置的参数并不是固定不变的，读者应根据视频素材的实际情况进行调整。

01 使用"智能调色"功能一键优化视频色彩

对于初学者和色彩感知能力不强的用户来说，剪映的"智能调色"功能可以帮助他们更加轻松便捷地调整视频的色彩。该功能通过算法自动识别视频画面的色彩分布和色彩偏差，并进行智能优化，从而提升视频的整体视觉表现力。

步骤01 在计算机上打开剪映，创建新项目，导入一段视频素材，如图 7-1 所示。将导入的视频素材添加到视频轨道中，并选中该素材，如图 7-2 所示。

图 7-1 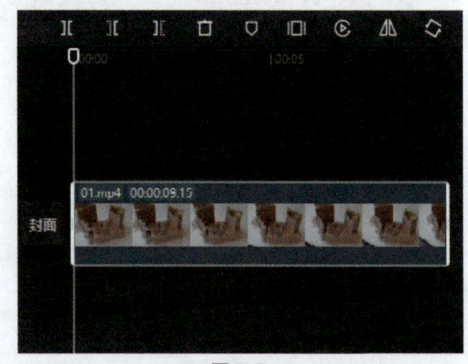　　　　　　　　　　　图 7-2

> **提示**
> 剪映的"智能调色""色彩克隆""色彩校正"属于高级功能，免费用户可以正常使用这些功能，但是在导出使用这些功能处理过的视频时，需要付费开通会员。

步骤02　❶展开"调节"面板，❷启用并展开"智能调色"选项组，❸拖动"强度"滑块，更改智能调色的强度，如图 7-3 所示。

步骤03　设置完毕后，在"播放器"面板中可预览调整效果，如图 7-4 所示。

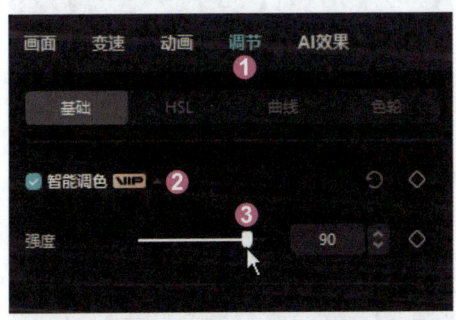

图 7-3

图 7-4

02 使用"色彩克隆"功能快速统一作品风格

剪映的"色彩克隆"功能可以将一张图片或某一个视频帧的色调应用到其他素材上，从而实现整体色调的统一或创意性的色彩变化。该功能主要通过分析目标图像或视频帧的色彩分布和色调特点，然后将这些特征应用到选定的素材上。无论是图片还是视频，都可以作为"色彩克隆"的目标对象或待调整对象，操作起来非常灵活和方便。

步骤01　在计算机上打开剪映，创建新项目，导入几段视频素材，如图 7-5 所示。

步骤02　将这几段视频素材依次添加到视频轨道中，❶将时间线向右拖动至第 3 段视频素材的位置，❷单击选中这段素材，如图 7-6 所示。

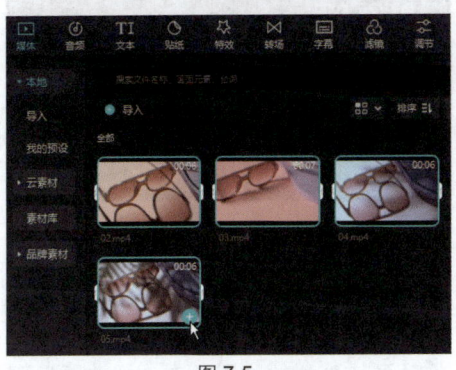

图 7-5

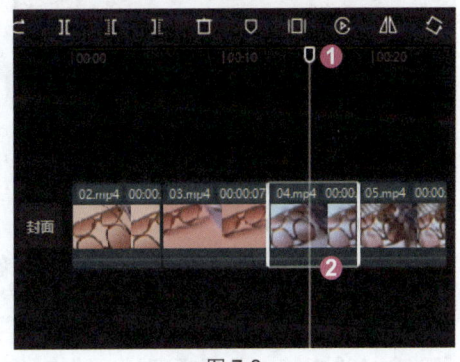

图 7-6

步骤03　在"播放器"面板中预览未统一色调前的画面效果，如图 7-7 所示。

画面润饰：增加视频美感　113

步骤04　❶展开"调节"面板，❷启用并展开"色彩克隆"选项组，如图7-8所示。

图7-7 　　　　　　　　　　　　　图7-8

步骤05　弹出"目标图选择"对话框，这里要以视频素材中的某一帧作为目标图，❶将时间线拖动到对应的视频帧处，❷单击"确认"按钮，如图7-9所示。

步骤06　❶在"色彩克隆"选项组中会显示所选帧的缩略图，❷将"强度"设置为100，❸单击"应用全部"按钮，如图7-10所示。

图7-9 　　　　　　　　　　　　　图7-10

步骤07　在"播放器"面板中可预览对第3段视频素材应用"色彩克隆"调整后的效果，如图7-11所示。

步骤08　选中第4段视频素材，并将时间线拖动到该素材的位置，在"播放器"面板中可以看到对该素材也应用了相同的色调，如图7-12所示。

114　剪映+AI短视频制作从入门到精通

图 7-11

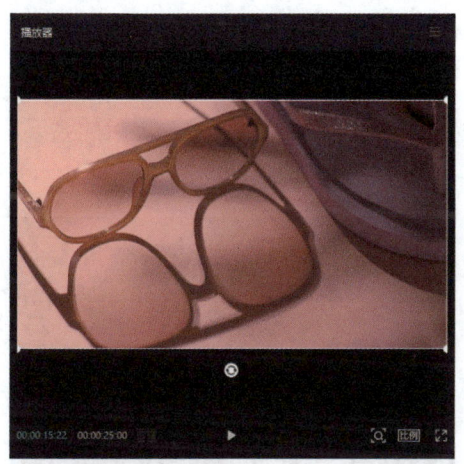

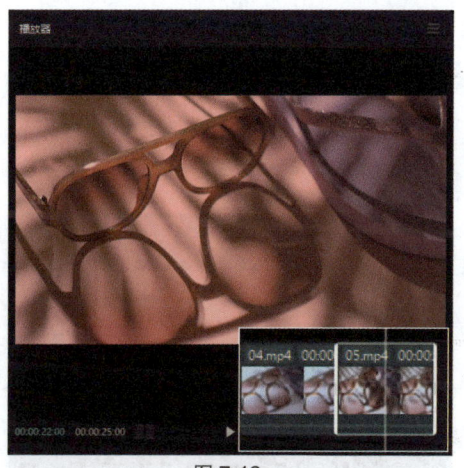

图 7-12

步骤09 如果想要以某张图片作为"色彩克隆"的目标图，则单击缩略图上的编辑按钮，如图 7-13 所示。

步骤10 弹出"目标图选择"对话框，❶在对话框中单击"本地"按钮，❷单击"目标图地址"右侧的 ▭ 按钮，如图 7-14 所示。

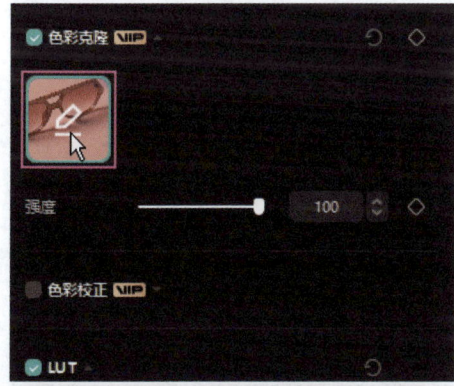

图 7-13

图 7-14

步骤11 弹出"请选择封面图片"对话框，❶在对话框中选中作为目标图的图片文件，❷单击"打开"按钮，如图 7-15 所示。

图 7-15

画面润饰：增加视频美感 115

步骤12 返回"目标图选择"对话框，❶在对话框中显示所选的目标图，❷单击"确认"按钮，如图7-16所示。

步骤13 在"播放器"面板中可预览将目标图的色调应用到视频素材上后的效果，如图7-17所示。

图 7-16

图 7-17

03 使用"色彩校正"功能一键修复色彩偏差

如果视频素材存在色彩失真或亮度不足的问题，可以使用"色彩校正"功能将画面恢复至正常的色彩和亮度。该功能基于光的三原色原理，通过调整红色（R）、绿色（G）、蓝色（B）的比例和强度来精准地控制视频的色彩。

步骤01 在计算机上打开剪映，创建新项目，导入一段视频素材，如图7-18所示。将这段视频素材添加到视频轨道中，如图7-19所示。

图 7-18

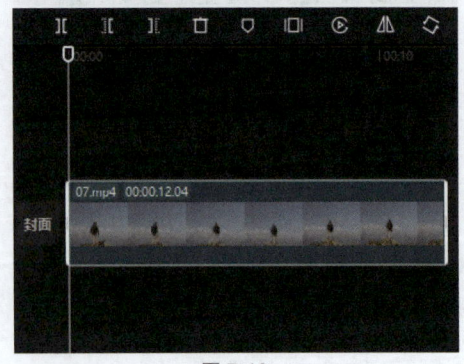

图 7-19

步骤02　❶展开"调节"面板，❷启用并展开"色彩校正"选项组，❸将"强度"设置为 85，如图 7-20 所示。

步骤03　在"播放器"面板中可预览进行色彩校正后的画面效果，如图 7-21 所示。

图 7-20 　　　　　　　　　　图 7-21

04　通过手动调节精准把控画面色彩

自动调整色彩的功能虽然方便快捷，但往往难以满足用户的个性化需求。因此，剪映也允许用户手动调节视频画面的色温、色调、饱和度、亮度、对比度等多个参数，以创造出符合个人审美或项目需求的独特色彩风格。

步骤01　在计算机上打开剪映，创建新项目，导入一段视频素材，如图 7-22 所示。将这段视频素材添加到视频轨道中，如图 7-23 所示。

图 7-22 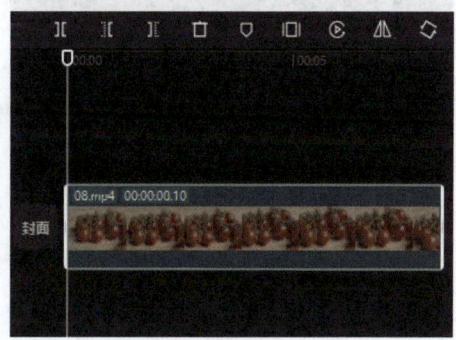　　　　　　　　　　图 7-23

步骤02　❶展开"调节"面板，❷将"亮度"设置为 40，❸将"对比度"设置为 5，如图 7-24 所示。在"播放器"面板中预览调整后的画面效果，如图 7-25 所示。

图 7-24　　　　　　　　　　　　　　　图 7-25

步骤03　❶将"色温"设置为15，❷将"色调"设置为6，如图 7-26 所示。在"播放器"面板中预览调整后的画面效果，如图 7-27 所示。

图 7-26　　　　　　　　　　　　　　　图 7-27

步骤04　❶切换至"HSL"选项卡，❷单击红色色标，❸将"饱和度"设置为 -8，降低红色的饱和度，如图 7-28 所示。

步骤05　❶单击橙色色标，❷将"色相"设置为 -60，增加红色，❸将"饱和度"设置为 10，提高橙色的饱和度，如图 7-29 所示。

步骤06　❶单击黄色色标，❷将"色相"设置为 70，增加绿色，❸将"饱和度"设置为 50，提高黄色的饱和度，如图 7-30 所示。

步骤07　在"播放器"面板中预览调整后的画面效果，如图 7-31 所示。

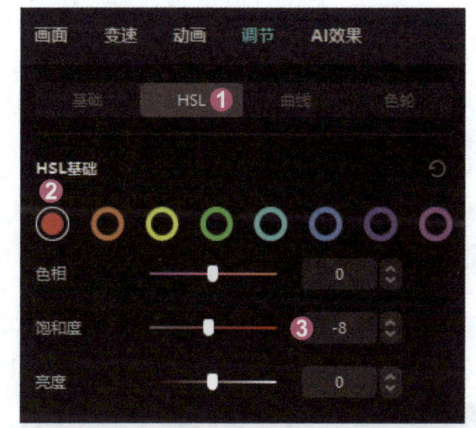

图 7-28

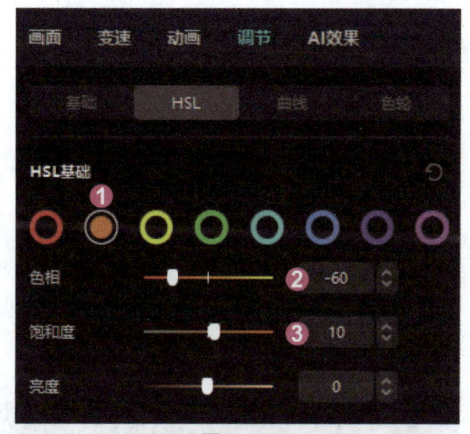

图 7-29

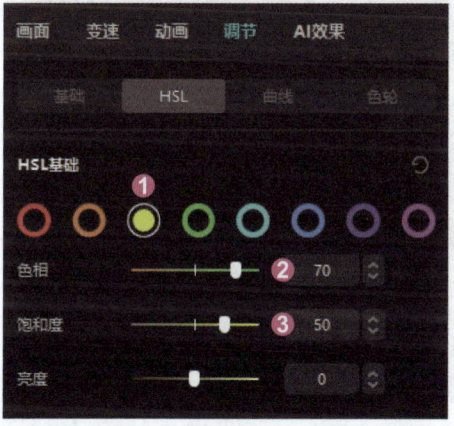

图 7-30

图 7-31

05 使用滤镜一键完成调色

手动调节参数虽然灵活性高,但要求用户具备一定的图像处理知识和审美能力。对于新手来说,使用滤镜更为合适,不仅操作简单,还能快速达到理想的效果。滤镜本质上是一组预设的图像处理参数,可以快速改变视频画面的整体风格,使其更加符合创作者的意图或观众的审美需求。

步骤01 在计算机上打开剪映,创建新项目,导入一段视频素材,如图 7-32 所示。将这段视频素材添加到视频轨道中,如图 7-33 所示。

步骤02 ❶单击"滤镜"按钮,打开"滤镜"素材库,❷单击"滤镜库"按钮,❸根据视频素材的内容类型单击"风景"标签,❹在右侧选择"漫夏"滤镜,❺将该滤镜拖动到时间轴中的视频素材上,如图 7-34 所示。

画面润饰:增加视频美感 119

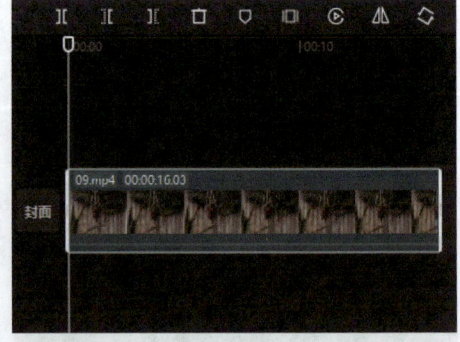

图 7-32

图 7-33

图 7-34

步骤03 释放鼠标,添加滤镜,在视频素材上会显示"滤镜"字样,如图 7-35 所示。在"播放器"面板中可预览应用滤镜后的画面效果,如图 7-36 所示。

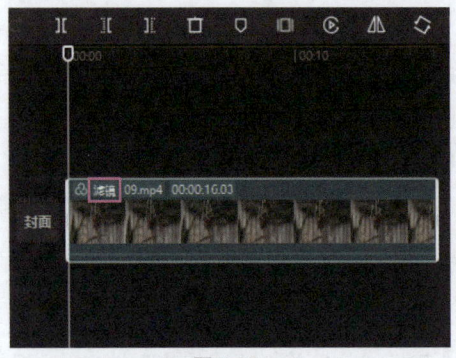

图 7-35

图 7-36

06 叠加滤镜：解锁色彩的无限可能

当应用单个滤镜无法达到理想的效果时，可以尝试叠加多个滤镜，不仅能实现更细腻的调整，还能创造出独特的视觉风格，让作品更具个性和创意。

步骤01 在计算机上打开剪映，创建新项目，导入一段视频素材，如图 7-37 所示。将这段视频素材添加到视频轨道中，如图 7-38 所示。

图 7-37 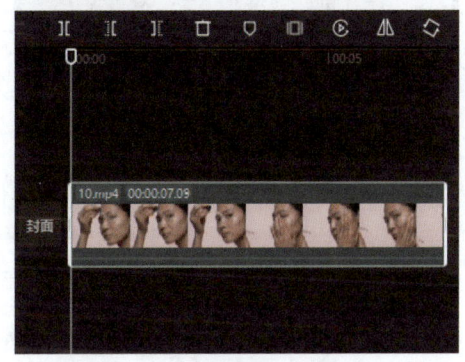　　　　　　　　　　　图 7-38

步骤02 ❶单击"滤镜"按钮，打开"滤镜"素材库，❷单击"滤镜库"按钮，❸根据视频素材的内容类型单击"人像"标签，❹选择"白皙"滤镜，单击滤镜右下角的"添加到轨道"按钮，如图 7-39 所示。

步骤03 ❶"白皙"滤镜被添加至时间轴，❷将鼠标指针放在滤镜右侧，当指针变为双向箭头时，按住左键不放并向右拖动，将滤镜时长延长至与画面时长一致，如图 7-40 所示。

图 7-39 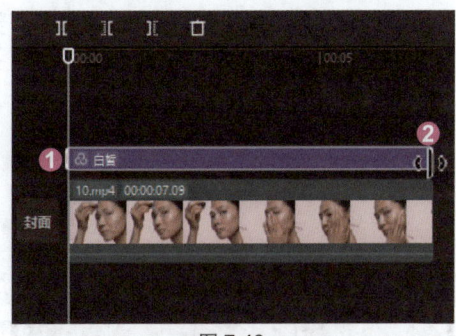　　　　　　　　　　　图 7-40

步骤04 在"播放器"面板中预览应用"白皙"滤镜后的画面效果，如图 7-41 所示。

步骤05 ❶单击"相机模拟"标签，❷选择"椿来"滤镜，单击滤镜右下角的"添加到轨道"按钮，如图 7-42 所示。

画面润饰：增加视频美感　121

图 7-41

图 7-42

> **提示**
>
> 打开"滤镜"素材库后,可在上方的搜索框内输入关键词,快速查找所需的滤镜。

步骤06　❶展开"滤镜"面板,❷拖动滑块,调整滤镜的"强度",如图 7-43 所示。

步骤07　使用步骤 03 的方法调整"椿来"滤镜的时长,如图 7-44 所示。

图 7-43

图 7-44

步骤08　在"播放器"面板中播放视频,预览叠加两个滤镜后的画面效果,如图 7-45 和图 7-46 所示。

图 7-45

图 7-46

07 滤镜+手动调节：双重优化提升画面品质

积累了一定的调色经验后，可以将滤镜和手动调节两种方式相结合，先应用滤镜快速奠定视频的色彩基调，再通过手动调节进行更精细的打磨，打造出兼顾效率和灵活性的工作流程。

步骤01 在计算机上打开剪映，创建新项目，导入一段视频素材，如图 7-47 所示。将这段视频素材添加到视频轨道中，如图 7-48 所示。

图 7-47 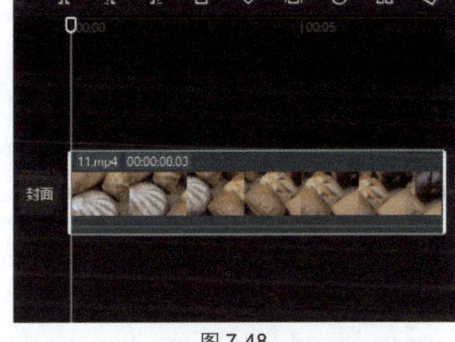　　　　　　　　　　　图 7-48

步骤02 ❶单击"滤镜"按钮，打开"滤镜"素材库，❷单击"滤镜库"按钮，❸根据视频素材的内容类型单击"美食"标签，❹选择"轻食"滤镜，单击滤镜右下角的"添加到轨道"按钮，如图 7-49 所示。

步骤03 ❶展开"滤镜"面板，❷拖动滑块，调整滤镜的"强度"，如图 7-50 所示。

图 7-49 　　　　　　　　　　　图 7-50

步骤04 ❶"轻食"滤镜被添加至时间轴，❷使用鼠标拖动调整滤镜的时长，使其与视频画面的时长一致，如图 7-51 所示。

步骤05 在"播放器"面板中预览应用滤镜调整后的画面效果，如图 7-52 所示。

画面润饰：增加视频美感　123

图 7-51

图 7-52

步骤06 ❶单击"调节"按钮,打开"调节"素材库,❷单击"自定义调节"右下角的"添加到轨道"按钮,如图 7-53 所示。

图 7-53

步骤07 ❶展开"调节"面板,❷将"色温"设置为 15,❸将"色调"设置为 18,❹将"对比度"设置为 12,如图 7-54 所示。

步骤08 ❶切换至"曲线"选项卡,❷在曲线左下角单击以添加控制点,并向下拖动控制点,降低阴影部分的亮度,❸在曲线右上方添加并向上拖动控制点,增强画面的明暗对比,如图 7-55 所示。

图 7-54

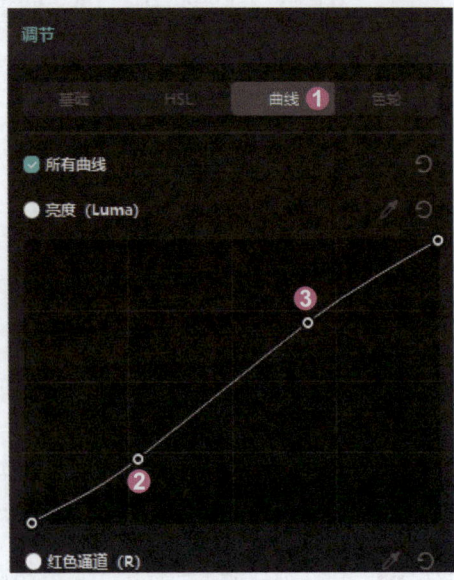

图 7-55

步骤09 向下滚动面板，显示出"红色通道"的曲线，在曲线中间添加并向上拖动控制点，调整该通道中的图像颜色，如图 7-56 所示。

步骤10 在时间轴中用鼠标拖动调整"调节 1"效果的时长，使其与视频画面的时长一致，如图 7-57 所示。

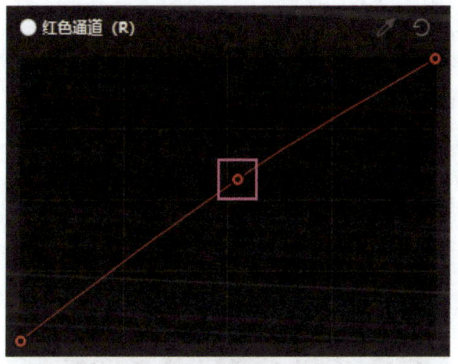

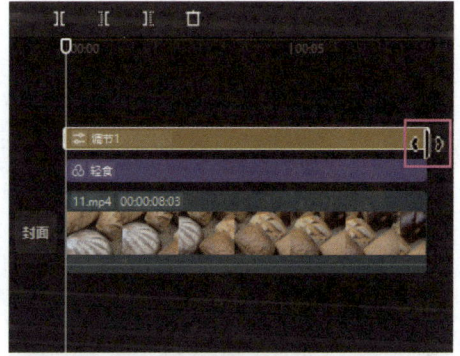

图 7-56

图 7-57

提示

在曲线的控制点上单击鼠标右键，可删除控制点。单击"所有曲线"右侧的"重置"按钮，可将所有曲线还原至初始状态。单击某一个颜色通道右侧的"重置"按钮，可将该通道的曲线还原至初始状态。

步骤11 在"播放器"面板中预览调整后的画面效果，如图 7-58 和图 7-59 所示。

图 7-58

图 7-59

08 使用色卡调出高级电影感色调

色卡调色的原理是将色卡素材（即单一颜色的图片素材）叠加在视频素材上，

画面润饰：增加视频美感 **125**

然后通过调整混合模式和不透明度等参数，改变画面的整体色调。本节将使用红、黄、蓝3种颜色的色卡调出高级电影感色调。

步骤01 在计算机上打开剪映，创建新项目，导入一段视频素材以及红、黄、蓝3种颜色的色卡素材。单击视频素材右下角的"添加到轨道"按钮，如图7-60所示，将视频素材添加到时间轴中的视频轨道上，如图7-61所示。

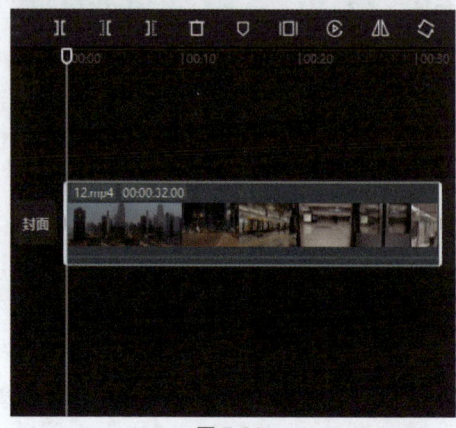

图7-60　　　　　　　　　　　　图7-61

步骤02 ❶选中黄色色卡素材，❷将其拖动到时间轴中的视频素材上方，如图7-62所示，让色卡以"画中画"的形式叠加在视频素材上。

图7-62

126　剪映+AI短视频制作从入门到精通

步骤03　❶展开"画面"面板，❷启用并展开"混合"选项组，❸将"混合模式"设置为"正片叠底"，❹将"不透明度"设置为65%，如图7-63所示。

步骤04　在"播放器"面板中预览应用黄色色卡调色后的效果，如图7-64所示。

图7-63

图7-64

步骤05　将蓝色色卡素材拖动到时间轴中的黄色色卡素材上方，如图7-65所示。

步骤06　同样在"混合"选项组中进行设置，❶将"混合模式"设置为"柔光"，❷将"不透明度"设置为30%，如图7-66所示。

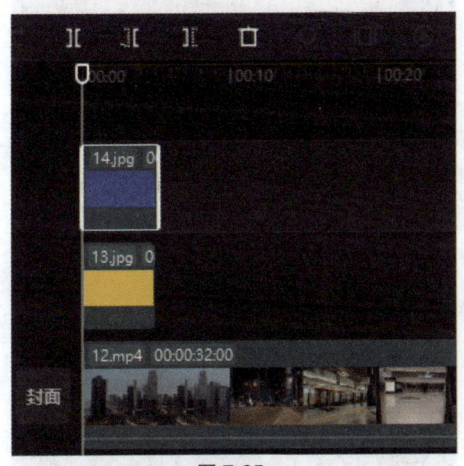

图7-65

图7-66

步骤07　将红色色卡素材拖动到时间轴中的蓝色色卡素材上方，如图7-67所示。

步骤08　同样在"混合"选项组中进行设置，❶将"混合模式"设置为"叠加"，❷将"不透明度"设置为10%，如图7-68所示。

画面润饰：增加视频美感　127

图 7-67　　　　　　　　　　　图 7-68

步骤09　按住〈Ctrl〉键不放，分别单击时间轴中的 3 个色卡素材，将它们同时选中，然后用鼠标拖动调整所选色卡素材的显示时长，使其与视频画面的时长一致，如图 7-69 所示。

步骤10　单击选中主视频轨道上的视频素材，如图 7-70 所示。

图 7-69　　　　　　　　　　　图 7-70

步骤11　❶展开"调节"面板，❷将"光感"设置为 22，❸将"锐化"设置为 10，如图 7-71 所示。

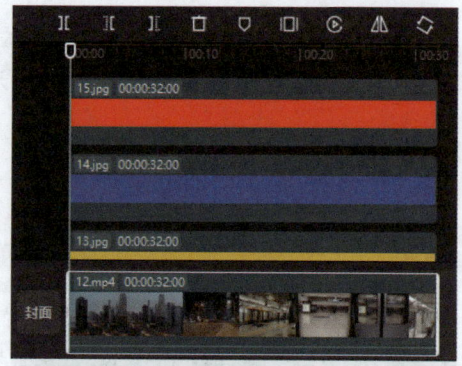

图 7-71

128　剪映 +AI 短视频制作从入门到精通

步骤12 在"播放器"面板中预览调整后的画面效果,如图 7-72 和图 7-73 所示。为了让作品更加完整,可以使用上一章讲解的方法添加一段背景音乐,并为其设置淡入和淡出效果,这里不再赘述。

图 7-72 　　　　　　　　　图 7-73

09 使用"智能打光"功能点亮你的美

打光,即照明设计,是指根据创作构想和拍摄对象的特点合理布置光源,塑造画面的层次感、空间感和情绪氛围。如果拍摄视频素材时没有进行打光,那么可以在后期剪辑中利用剪映的"智能打光"功能模拟特定的光源和光效,为画面添加光影效果,提升视频的视觉质量和层次感。

步骤01 在计算机上打开剪映,创建新项目,导入一段视频素材,如图 7-74 所示。将这段视频素材添加到时间轴中的视频轨道上,如图 7-75 所示。

图 7-74 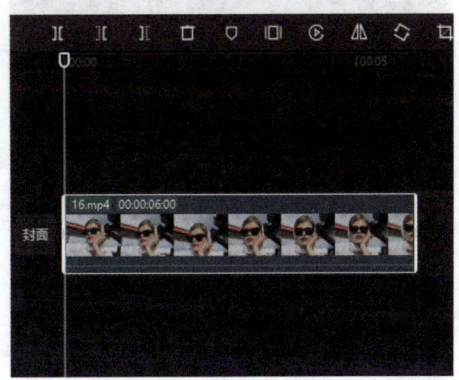　　　　　　　　　图 7-75

画面润饰:增加视频美感　129

步骤02 ❶展开"画面"面板，❷启用并展开"智能打光"选项组，❸单击"基础面光"标签，❹单击选择"金属高光"，如图 7-76 所示，添加"智能打光"效果。

步骤03 拖动"播放器"面板中的黄色小圆，调整光源的位置，如图 7-77 所示。

图 7-76 　　　　　　　　　　图 7-77

步骤04 在"画面"面板中向下滚动，显示效果的各项参数。❶将"强度"设置为 25，❷将"光源半径"设置为 40，❸将"高光"设置为 35，如图 7-78 所示。

步骤05 在"播放器"面板中预览调整光源选项后的打光效果，如图 7-79 所示。

图 7-78 　　　　　　　　　　图 7-79

> **提示**
>
> 使用"智能打光"功能时，可根据实际需求在"对象"下拉列表框中选择打光对象。默认打光对象为"全部"，还可选择"人物"或"背景"作为打光对象。

10 人像美化轻松呈现高级感

当视频中出现人物形象时，如果人物的皮肤存在瑕疵，如斑点、痘印、细纹、肤色不匀等，画面的整体美观度必然会受到影响。为了解决这一问题，剪映提供了强大的"美颜美体"功能。该功能不仅能精准而高效地修复人物皮肤上的各类瑕疵，还能对人物进行"数码整形"和"数码化妆"。

步骤01 在计算机上打开剪映，创建新项目，导入一段视频素材，在"播放器"面板中进行预览，可以看到人物的皮肤上有一些斑点瑕疵，如图7-80所示，将视频素材添加到时间轴中的视频轨道上，如图7-81所示。

图7-80 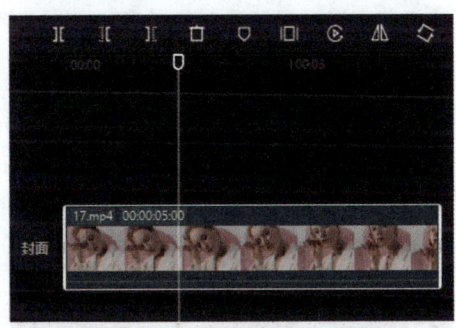　　　　　　　　　　图7-81

步骤02 展开"画面"面板，❶切换至"美颜美体"选项卡，❷启用并展开"美颜"选项组，❸将"匀肤"设置为70，❹将"磨皮"设置为55，❺将"美白"设置为62，如图7-82所示，改善画面中人物的肤质和肤色。

步骤03 ❶单击"肤色"下的"粉白"，❷将"冷暖"设置为-32，❸将"程度"设置为70，如图7-83所示，进一步优化肤色。

图7-82 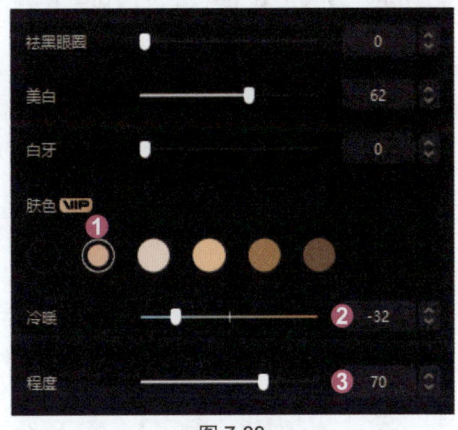　　　　　　　　　　图7-83

画面润饰：增加视频美感

步骤04 ❶启用并展开"美型"选项组，❷单击"鼻子"按钮，❸在下方的选项中将"小翘鼻"设置为70，❹将"鼻梁"设置为22，❺将"鼻高低"设置为11，如图7-84所示，调整鼻形。

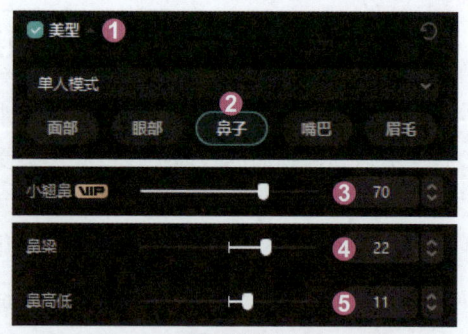

图7-84

步骤05 ❶启用并展开"美妆"选项组，❷单击"套装"按钮，❸在下方列出的选项中单击选择"清透感"妆容，如图7-85所示。

步骤06 ❶单击"高光"按钮，❷在下方列出的选项中单击选择"水润"高光效果，❸向右拖动"程度"滑块，调整面部高光的强度，如图7-86所示。

图7-85

图7-86

步骤07 设置完成后，在"播放器"面板中预览效果，如图7-87所示。视频画面中的模特经过精细的磨皮和美白处理，肌肤显得更加细腻透亮，再搭配上精致的妆容，整体形象更加高雅迷人。

图7-87

8 转场和特效：打造酷炫画面效果

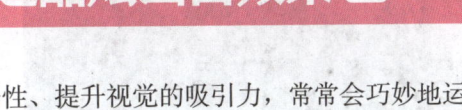

在视频制作中，为了增强叙事的流畅性、提升视觉的吸引力，常常会巧妙地运用转场和特效来装点视频。转场是连接两个不同场景或情节的桥梁，通过精心的设计实现自然流畅的过渡；特效则是后期制作中的魔法，通过技术手段创造出令人惊叹的视觉奇观。当前的大多数视频剪辑软件都内置了丰富的转场和特效，剪映作为其中的佼佼者，自然也不例外。本章将详细介绍如何在剪映中添加转场和特效。

01 通过添加转场实现不同场景的自然过渡

为了确保视频作品中不同场景间的过渡自然而流畅，需要在相邻的视频素材之间添加转场效果。在剪映中，这项任务通过简单的单击或拖放操作即可完成。

步骤01 在计算机上打开剪映，创建新项目，导入两段视频素材。选中这两段素材，单击其中一段素材右下角的"添加到轨道"按钮，如图8-1所示。

步骤02 将所选视频素材添加到视频轨道中，选中前一段素材，如图8-2所示。

图8-1

图8-2

步骤03 ❶单击"转场"按钮，打开"转场"素材库，❷单击"转场效果"按钮，❸单击"叠化"标签，❹选择右侧的"雾化"转场，单击其右下角的"添加到轨道"按钮，如图8-3所示。

图8-3

步骤04 执行操作后，在两段视频素材之间会添加所选转场，并显示相应的图标，如图8-4所示。

转场和特效：打造酷炫画面效果　133

步骤05 在"播放器"面板中播放视频,预览添加转场后的效果,如图8-5所示。

图8-4

图8-5

> **提示**
> 如果要删除转场,可单击选中转场,然后按〈Delete〉键或单击工具栏中的"删除"按钮。

02 一键将转场效果应用至所有素材

当视频作品包含多个片段,且希望在这些片段之间都应用相同的转场效果时,可以先为其中任意两个相邻的片段添加所需的转场效果,然后利用剪映的"应用全部"功能将该转场效果批量应用到所有其他片段之间。

步骤01 在计算机上打开剪映,创建新项目,导入几段视频素材。选中这些视频素材,单击其中一段素材右下角的"添加到轨道"按钮,如图8-6所示。

步骤02 所选视频素材被依次添加到视频轨道中,如图8-7所示。

图8-6

图8-7

步骤03 ❶单击"转场"按钮,打开"转场"素材库,❷单击"转场效果"按钮,❸单击"运镜"标签,❹选择右侧的"推近"转场,单击其右下角的"添加到轨道"

134 剪映+AI短视频制作从入门到精通

按钮，如图8-8所示。

步骤04 所选转场被添加到前两段视频素材之间，如图8-9所示。

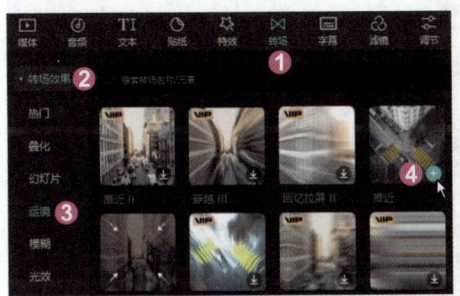

图8-8

图8-9

步骤05 ①展开"转场"面板，②单击右下角的"应用全部"按钮，如图8-10所示。

步骤06 在所有视频素材之间统一添加相同的转场，如图8-11所示。

图8-10

图8-11

03 转场效果的替换和调整

添加一种转场后，如果发现其视觉效果未达到预期，可以对其进行替换。此外，转场的时长会影响作品的节奏感，也可根据创作需求进行调整。

步骤01 继续上一节的操作。①单击"转场"按钮，打开"转场"素材库，②单击"转场效果"按钮，③单击"模糊"标签，④选择右侧的"模糊"转场，⑤将该转场拖动到第2、3段视频素材之间已有的"推近"转场上，如图8-12所示。

步骤02 释放鼠标，"推近"转场被替换为"模糊"转场。单击选中转场，如图8-13所示。

步骤03 ①展开"转场"面板，②拖动"时长"滑块，增加转场的时长，如图8-14所示。

图 8-12

图 8-13

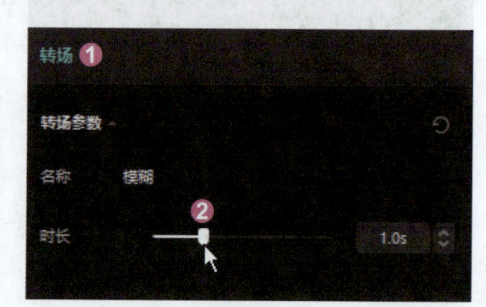

图 8-14

步骤04 改变转场的时长后，视频轨道上转场图标的宽度会相应变化，如图 8-15 所示。在"播放器"面板中播放视频，预览替换并调整转场后的效果，如图 8-16 所示。

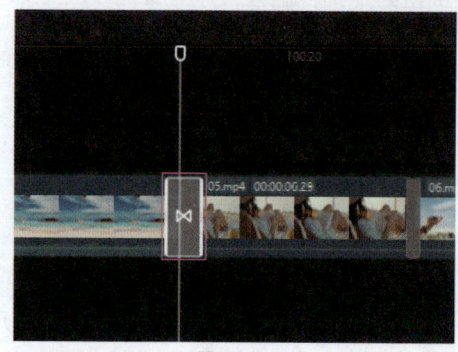

图 8-15

图 8-16

136　剪映+AI 短视频制作从入门到精通

04 使用"画面特效"丰富视觉效果

剪映的"特效"素材库提供丰富多样的特效模板,这些模板又细分为"画面特效"和"人物特效"两大类,本节先介绍"画面特效"。这类特效主要用于改变整体画面的质感、风格或氛围,如改变画面色彩、创建动感效果、叠加天气元素(如雨、雪、雾)等。

步骤01 在计算机上打开剪映,创建新项目,导入几段视频素材。选中这些视频素材,单击其中一段素材右下角的"添加到轨道"按钮,如图 8-17 所示。

步骤02 所选视频素材被依次添加到视频轨道中,如图 8-18 所示。

图 8-17 　　　　　　　　　图 8-18

步骤03 ❶单击"特效"按钮,打开"特效"素材库,❷单击"画面特效"按钮,❸单击"基础"标签,❹选择右侧的"变清晰"特效,单击其右下角的"添加到轨道"按钮,如图 8-19 所示。

步骤04 ❶"变清晰"特效被添加到视频轨道上,❷用鼠标拖动调整该特效的作用时长,将其缩短为 1 秒,如图 8-20 所示。

图 8-19 　　　　　　　　　图 8-20

步骤05 将时间线拖动到下一段视频素材开始播放的位置,如图 8-21 所示。

步骤06 打开"特效"素材库,❶单击"动感"标签,❷选择右侧的"心跳"特效,单击其右下角的"添加到轨道"按钮,如图 8-22 所示。

转场和特效:打造酷炫画面效果　137

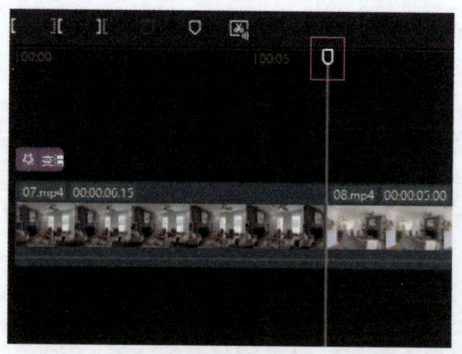

图 8-21 　　　　　　　　　　　　　图 8-22

步骤07 ❶"心跳"特效被添加到当前时间点处，❷用鼠标拖动调整该特效的作用时长，将其也缩短为 1 秒，如图 8-23 所示。

步骤08 ❶打开"特效"面板，❷将"速度"设置为 20，如图 8-24 所示，让"心跳"的速度变慢。

图 8-23 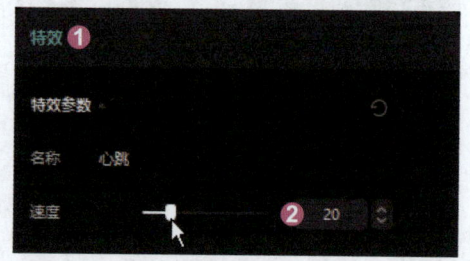　　　　　　　　　　　　　图 8-24

步骤09 ❶在添加的"心跳"特效上单击鼠标右键，❷在弹出的快捷菜单中单击"复制"命令，如图 8-25 所示。

步骤10 ❶将时间线拖动到下一段视频素材开始播放的位置，❷单击鼠标右键，❸在弹出的快捷菜单中单击"粘贴"命令，如图 8-26 所示。

图 8-25 　　　　　　　　　　　　　图 8-26

步骤11 ❶之前复制的"心跳"特效被粘贴到当前时间点处，❷继续使用相同的方法，在后面一段视频素材开始播放的位置也粘贴"心跳"特效，如图 8-27 所示。

图 8-27

步骤12 打开"特效"素材库，❶单击"爱心"标签，❷选择右侧的"白色爱心"特效，❸将该特效拖动到视频轨道中的第 3 段视频素材上，如图 8-28 所示。

图 8-28

步骤13 ❶释放鼠标，在第 3 段视频素材上添加"白色爱心"特效，❷将时间线向右拖动一定距离，如图 8-29 所示。

步骤14 在"播放器"面板中可预览添加的"白色爱心"特效，如图 8-30 所示。

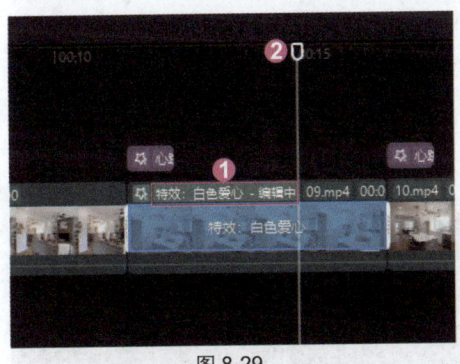

图 8-29 　　　　　　　　　　图 8-30

步骤15 ❶单击"音频"按钮，打开"音频"素材库，❷单击"音乐素材"按钮，❸单击"纯音乐"标签，❹在右侧选择一首喜欢的音乐，单击其右下角的"添加到轨道"按钮，如图 8-31 所示。

步骤16 ❶所选音乐被添加至音频轨道，❷根据视频画面的时长裁剪音乐，去除超出画面的音乐片段，效果如图 8-32 所示。

转场和特效：打造酷炫画面效果　139

图 8-31

图 8-32

步骤17 ①展开"基础"面板，②拖动"淡出时长"滑块，为音乐设置淡出效果，如图 8-33 所示。

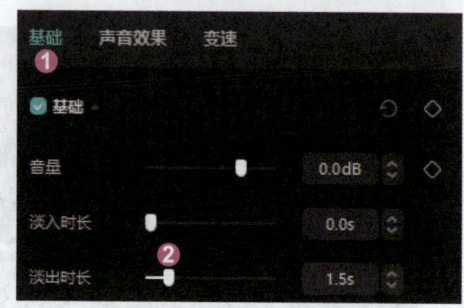

图 8-33

05 使用"人物特效"提升人物表现力

"人物特效"与"画面特效"的区别在于，它主要是针对视频素材中的人物而设计的，用于增强人物的表现力或创造特定的视觉效果。例如，通过动态表情特效展现人物的情感波动，利用"克隆"技术创建人物分身或角色互动的奇幻场景，通过添加各种创意头饰和装饰元素让人物形象更加鲜明和独特，等等。

步骤01 在计算机上打开剪映，创建新项目，导入一段视频素材，如图 8-34 所示。将这段素材添加到视频轨道中，如图 8-35 所示。

图 8-34

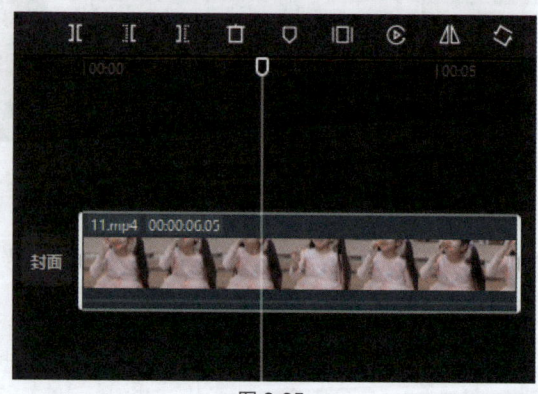

图 8-35

步骤02　❶单击"特效"按钮,打开"特效"素材库,❷单击"人物特效"按钮,❸选择右侧的"日系大头贴"特效,单击其右下角的"添加到轨道"按钮,如图 8-36 所示。

步骤03　❶"日系大头贴"特效被添加到视频轨道上,❷用鼠标拖动调整该特效的作用时长,使特效与视频同时结束,如图 8-37 所示。

图 8-36

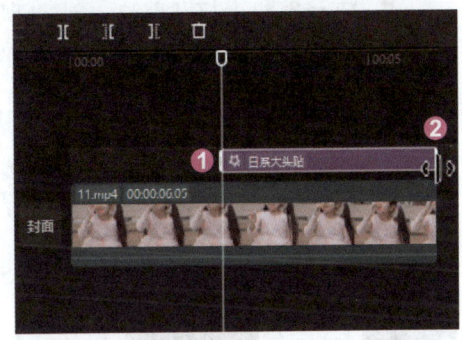

图 8-37

步骤04　在"播放器"面板中播放视频,可以看到剪映会智能检测画面中的人物并叠加特效,如图 8-38 和图 8-39 所示。

图 8-38

图 8-39

> **提示**
>
> 如果要删除独立存在于轨道中的特效,可在选中特效后按〈Delete〉键或单击工具栏中的"删除"按钮。如果要删除添加到特定视频素材上的特效,则需要先选中该视频素材,然后展开"画面"面板,单击"特效"选项组下的"删除"按钮。

转场和特效:打造酷炫画面效果　141

06 使用"AI特效"功能一键生成风格化图片

如果"画面特效"和"人物特效"不能满足创作需求,可使用剪映的"AI特效"功能作为补充。该功能可根据用户输入的提示词生成画面,为视频创作者提供了更多元化和个性化的表达手段。

步骤01 在计算机上打开剪映,创建新项目,❶单击"媒体"下的"素材库",展开素材库,❷单击"透明"素材右下角的"添加到轨道"按钮,如图8-40所示。

步骤02 "透明"素材被添加到时间轴中的视频轨道上,如图8-41所示。

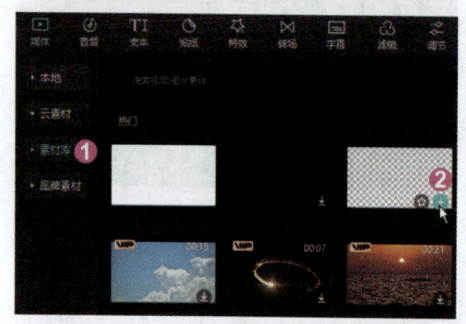

图8-40　　　　　　　　图8-41

步骤03 ❶展开"AI效果"面板,❷启用并展开"AI特效"选项组,❸单击选择"轻厚涂"风格,❹在"风格描述词"文本框中输入提示词,❺单击"生成"按钮,如图8-42所示。

> **提示**
> 单击"风格描述词"文本框右上角的"灵感"按钮,可以查看剪映提供的参考提示词。

图8-42

步骤04 稍等片刻,AI会根据提示词生成4幅图像。❶单击选择一幅图像,❷在左侧可以预览图像,❸如果对生成结果比较满意,则单击下方的"应用效果"按钮,如图8-43所示,即可将该图像应用到视频轨道上。

图 8-43

07 使用"玩法"功能打造炫酷的时空穿越效果

剪映的"AI效果"面板中的"玩法"板块集合了运镜特效、AI写真风格转换、表情变换、视频分割、场景无缝变换等多种创意特效,可以帮助用户创作出炫酷的画面效果。

步骤01 在计算机上打开剪映,创建新项目,导入一张图片素材,如图 8-44 所示。将这张图片素材添加到视频轨道中,如图 8-45 所示。

图 8-44 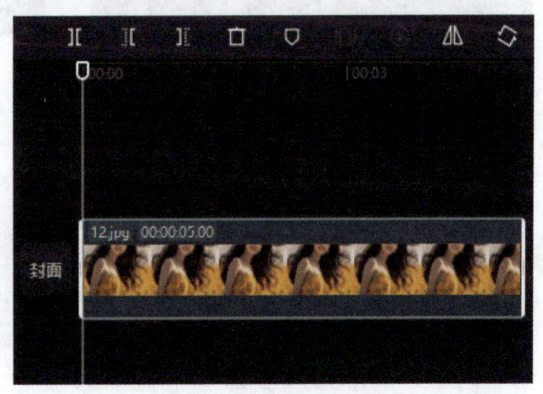   图 8-45

步骤02 ❶展开"AI效果"面板,❷启用并展开"玩法"选项组,❸单击"运镜"按钮,❹单击选择"时空穿越"玩法,如图 8-46 所示。

步骤03 因为所选玩法要消耗限免次数,所以会弹出提示框,要求用户确认,这里单击"确认使用"按钮,如图 8-47 所示。

图 8-46

图 8-47

步骤04 等待片刻,AI 效果加载完毕,在"播放器"面板中播放视频,即可预览用导入的图片素材生成的"时空穿越"效果,如图 8-48 和图 8-49 所示。

图 8-48

图 8-49

08 添加入场 / 出场动画效果

入场动画作为场景片段的开头,能够以生动有趣的方式引入后续内容,吸引观众的注意力。出场动画作为场景片段的结尾,能让场景的结束更加自然流畅。在制作视频时,根据作品的主题、风格和目标受众等因素,适当地添加入场和出场动画,可有效地提升作品的专业性和品质感。

步骤01 在计算机上打开剪映,创建新项目,导入两段视频素材。选中这两段素材,单击其中一段素材右下角的"添加到轨道"按钮,如图 8-50 所示。

步骤02 所选视频素材被依次添加到视频轨道中,单击选中第 1 段视频素材,如图 8-51 所示。

图 8-50

图 8-51

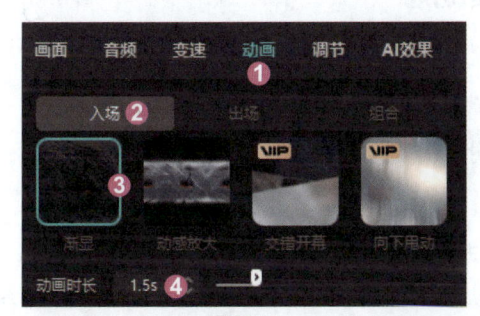

步骤03 ❶展开"动画"面板，❷切换至"入场"选项卡，❸单击选择"渐显"动画，❹将"动画时长"设置为 1.5 秒，如图 8-52 所示。

步骤04 ❶切换至"出场"选项卡，❷单击选择"放大"动画，❸将"动画时长"的两个参数分别设置为 1.5 秒和 0.5 秒，如图 8-53 所示。

图 8-52

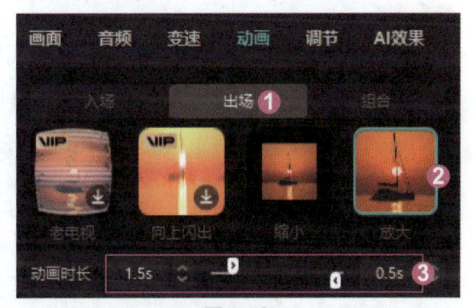

图 8-53

步骤05 单击选中时间轴中的第 2 段视频素材，如图 8-54 所示。

步骤06 ❶展开"动画"面板，❷切换至"入场"选项卡，❸单击选择"缩小"动画，❹将"动画时长"设置为 0.8 秒，如图 8-55 所示。

图 8-54

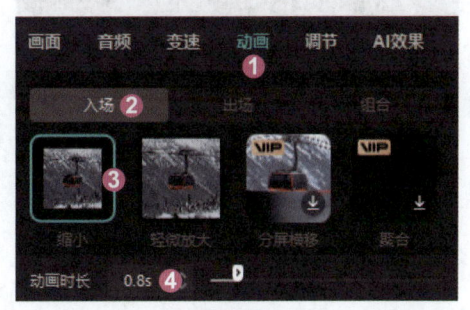

图 8-55

步骤07 在"播放器"面板中播放视频，预览添加的入场动画和出场动画的效果。其中，为第 1 段视频素材添加的"渐显"入场动画效果如图 8-56 和图 8-57 所示。

转场和特效：打造酷炫画面效果 145

图 8-56 　　　　　　　　　　　　　　图 8-57

09 组合动画让视频画面更具动感

除了入场和出场动画，剪映还提供了一些组合动画。组合动画是将不同的动画效果巧妙地结合在一起，形成一套连贯且富有创意的动画效果。组合动画的优势在于能够智能匹配视频片段的起始和结束部分，并自动调整动画的时长，极大地简化了编辑流程。

步骤01　在计算机上打开剪映，创建新项目，导入几张图片素材。选中这些图片素材，单击任意一张素材右下角的"添加到轨道"按钮，如图 8-58 所示。

步骤02　所选图片素材被添加到视频轨道中。将鼠标指针放在素材右侧，当指针变成双向箭头时，按住左键不放并向左拖动，缩短素材的显示时长，如图 8-59 所示。

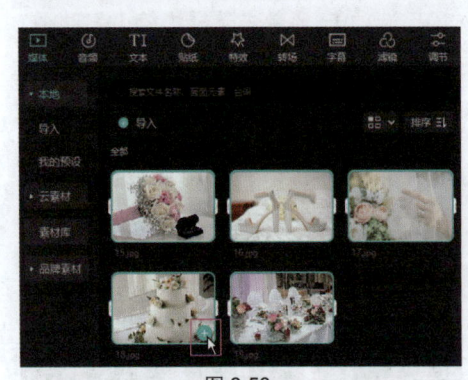

图 8-58 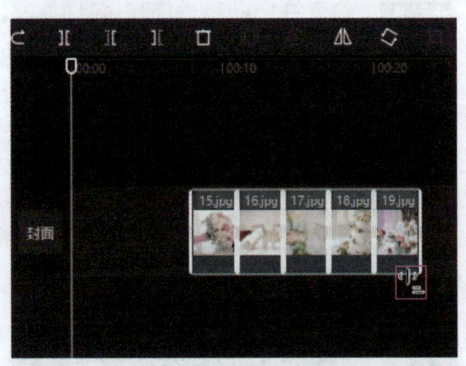　　　　　　　　　　　　　　图 8-59

步骤03　在时间轴中单击选中第 1 张图片素材，如图 8-60 所示。

步骤04　❶展开"动画"面板，❷切换至"组合"选项卡，❸单击选择"回弹伸缩"动画，如图 8-61 所示。

图 8-60

图 8-61

步骤05 在时间轴中单击选中第 2 张图片素材,如图 8-62 所示。

步骤06 在"组合"选项卡下单击选择"哈哈镜"动画,如图 8-63 所示。

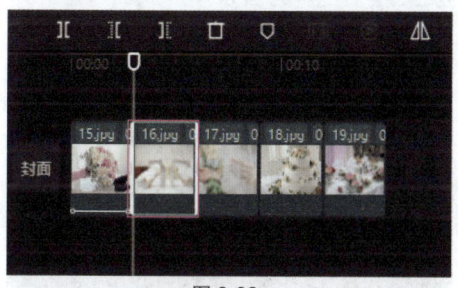

图 8-62

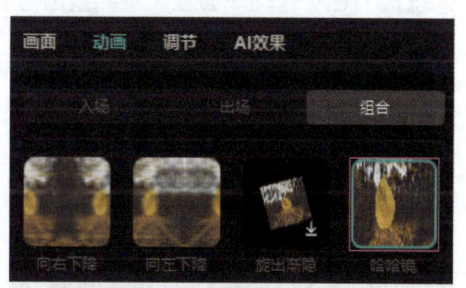

图 8-63

步骤07 继续使用相同的方法为第 3、4 张图片素材分别添加"向左下降"和"下降向右"组合动画。单击选中第 5 张图片素材,如图 8-64 所示。

步骤08 ❶在"动画"面板中切换至"入场"选项卡,❷单击选择"十字震动"动画,如图 8-65 所示。

图 8-64

图 8-65

步骤09 最后,为了让作品更加完整,可以添加一段动感的背景音乐。将时间线移动到视频画面开始处,如图 8-66 所示。

步骤10 ❶单击"音频"按钮,打开"音频"素材库,❷在"音乐素材"下单击"动感"标签,❸选择喜欢的音乐,单击其右下角的"添加到轨道"按钮,如图 8-67 所示。

转场和特效:打造酷炫画面效果 147

图 8-66

图 8-67

步骤11 ❶所选音乐被添加至音频轨道，❷根据视频画面的时长对音乐进行裁剪，如图 8-68 所示。

步骤12 在"基础"面板中将"淡出时长"设置为 1 秒，为音乐添加淡出效果，如图 8-69 所示。

图 8-68

图 8-69

步骤13 在"播放器"面板中播放视频，预览添加组合动画后的效果，如图 8-70 和图 8-71 所示。

图 8-70

图 8-71

> **提示**
> 选中添加了动画的素材，然后在"动画"面板中单击"无"选项，可删除动画。

10 使用蒙版再现《盗梦空间》震撼特效

在剪映中，除了直接使用"特效"素材库中海量的预设特效外，还可以使用蒙版进行特效的创作。剪映提供了多样化的蒙版类型，用户可以根据创作需求灵活选择。下面使用蒙版打造电影《盗梦空间》中的镜像颠倒特效。

步骤01 在计算机上打开剪映，创建新项目，导入一段视频素材，并将其添加到视频轨道中。❶展开"画面"面板，❷将"位置"的 Y 坐标值设置为 -274，如图 8-72 所示，让视频素材向下移动一定距离。

步骤02 在"播放器"面板中预览调整位置后的效果，如图 8-73 所示。

图 8-72 　　　　　　　　　　　图 8-73

步骤03 ❶依次按快捷键〈Ctrl+C〉和〈Ctrl+V〉，复制并粘贴视频素材，❷在工具栏中单击两次"旋转"按钮，如图 8-74 所示，旋转复制的素材。

步骤04 单击工具栏中的"镜像"按钮，如图 8-75 所示，水平翻转复制的素材。

图 8-74 　　　　　　　　　　　图 8-75

步骤05 在"画面"面板中将"位置"的 Y 坐标值设置为 274，如图 8-76 所示，让水平翻转后的视频素材向上移动一定距离。

转场和特效：打造酷炫画面效果　149

步骤06　在"播放器"面板中预览调整位置后的效果,如图8-77所示。

图8-76

图8-77

步骤07　❶切换至"蒙版"选项卡,❷单击选择"线性"蒙版,❸单击"反转"按钮,反转蒙版,❹将"位置"的Y坐标值设置为132,调整蒙版的位置,❺将"羽化"设置为48,让蒙版的边缘变得柔和,这样不同素材交界处的过渡会更加自然,如图8-78所示。

步骤08　在"播放器"面板中预览应用蒙版后的效果,如图8-79所示。

图8-78

图8-79

> **提示**
>
> 　　添加蒙版后,如果想要取消蒙版效果或重新进行设置,可以单击"蒙版"选项卡中的"无"选项。

步骤09 ❶单击"特效"按钮,打开"特效"素材库,❷单击"画面特效"按钮,如图 8-80 所示。

步骤10 ❶单击"电影"标签,❷在右侧选择"电影感"特效,单击其右下角的"添加到轨道"按钮,如图 8-81 所示。

图 8-80

图 8-81

步骤11 ❶"电影感"特效被添加到轨道上,❷按〈↓〉键,将时间线移动到特效结束处,如图 8-82 所示。

步骤12 ❶单击"媒体"按钮,打开"媒体"素材库,❷单击"素材库"按钮,❸单击选择"黑场"素材,如图 8-83 所示。

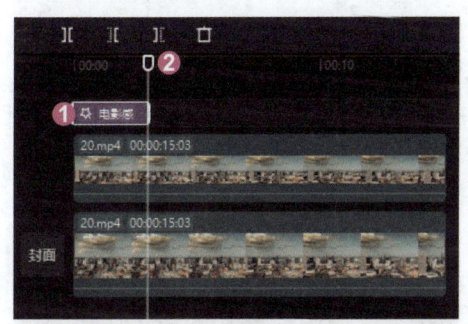

图 8-82

图 8-83

步骤13 ❶将选中的"黑场"素材向下拖动到"电影感"特效下方的视频轨道上,❷用鼠标拖动调整"黑场"素材的作用时长,使该素材与画面同时结束,如图 8-84 所示。

图 8-84

转场和特效:打造酷炫画面效果 151

步骤14　接着为"黑场"素材添加蒙版，创造类似电影画幅的效果。❶展开"画面"面板，❷切换至"蒙版"选项卡，❸单击选择"镜面"蒙版，❹单击"反转"按钮，反转蒙版，❺将"大小"设置为"宽770"，调整蒙版的宽度，如图8-85所示。

步骤15　在"播放器"面板中预览应用蒙版后的效果，如图8-86所示。

图 8-85 　　　　　　　　　　　图 8-86

> **提示**
>
> 实现电影感画幅效果的另一种方法是使用"电影"类特效中的"电影感画幅"特效。添加该特效后，用鼠标拖动调整其时长，与视频画面时长一致即可。

步骤16　❶单击"音频"按钮，打开"音频"素材库，❷单击"音乐素材"按钮，❸单击"悬疑"标签，❹在右侧选择一首音乐，单击其右下角的"添加到轨道"按钮，如图8-87所示。

步骤17　使用前面讲解过的方法裁剪音乐，使其与视频画面时长一致，并为其添加1秒的淡出效果，如图8-88所示。

图 8-87 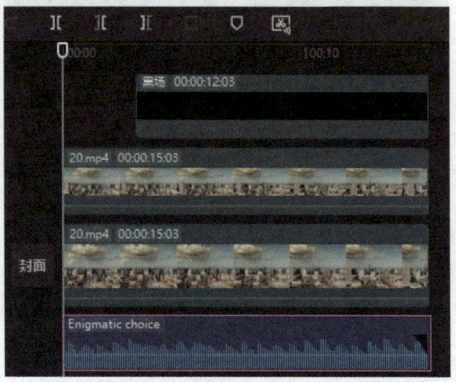　　　　　　　　　　　图 8-88

9 创作优质电商主图视频

在电商平台上，主图视频是商家提升商品竞争力、提高转化率的重要手段之一。优质的主图视频能够全方位地展示商品的细节、特性和使用场景，引导消费者进一步探索商品详情，有效激发他们的购买兴趣，并最终促成购买决策。本章将全面解析如何利用 AI 技术打造一段优质的电商主图视频。

01 使用文心一言撰写脚本

脚本中通常会详细列出每个场景的画面、旁白、字幕等具体细节，能够帮助视频创作者梳理创作思路，明确作品的主题和要表达的核心内容。本节将利用文心一言撰写视频脚本。

步骤01 用网页浏览器打开文心一言（https://yiyan.baidu.com/），进行如下所示的对话。

> 你是一位才华横溢的视频脚本创作大师。你的任务是为牛奶品牌"醇悦"撰写一个电商主图视频脚本，具体要求如下：
> 1. 要有场景、旁白、字幕；
> 2. 时长控制在 1 分钟以内；
> 3. 要突出消费者关注的奶源、奶质、生产工艺、口感与风味等重点。

> 【视频脚本】：
> 场景一：清晨，阳光透过窗帘缝隙，照在温馨的卧室
> 画面：镜头缓缓推进至床边，一位年轻妈妈轻轻唤醒沉睡的孩子，两人相视一笑，画面温馨而充满爱意。
> 旁白：每一个清晨，都是新的开始，用爱唤醒家的味道。
> 字幕：晨光轻抚，唤醒温馨滋味
> 场景二：切换到牧场，蓝天白云下，奶牛悠闲地吃着草
> 画面：广角镜头展现广袤无垠的绿色牧场，奶牛群悠然自得，远处是连绵的山丘，画面清新自然。

旁白：源自黄金奶源带，每一滴都沐浴着自然的恩赐。我们的奶牛，享受着纯净的空气与水源。

字幕：黄金奶源，自然之选

场景三：现代化牛奶加工厂，高科技生产线

画面：镜头快速切换至高科技的牛奶加工车间，自动化生产线忙碌而有序，工人们穿着整洁的工作服，专注操作。

旁白：我们采用国际领先的生产工艺，从挤奶到封装，全程严格监控，确保每一滴牛奶的纯净与安全。

字幕：科技护航，品质保证

场景四：家庭厨房，妈妈正在为孩子准备早餐

画面：镜头回到家中，妈妈从冰箱中取出一瓶该品牌牛奶，倒入玻璃杯，孩子兴奋地接过，轻轻品尝。

旁白：口感丝滑，风味纯正，不仅满足孩子的成长需求，更是全家人健康生活的优选。

字幕：丝滑口感，纯正风味

场景五：全家围坐餐桌旁，共享早餐时光

画面：镜头拉远，展现全家人在餐桌旁其乐融融的场景，桌上摆放着丰盛的早餐，中间是那瓶醒目的牛奶。

旁白：选择我们，就是选择了一个健康、幸福的开始。每一天，从一杯好奶开始，滋养全家人的幸福时光。

字幕：滋养幸福，从这一杯开始

场景六：结尾

画面：品牌徽标缓缓出现，背景音乐渐弱，画面定格在一家人温馨的笑容上。

旁白：醇悦牛奶，与您共享每一刻的温馨与美好。

字幕：醇悦牛奶，爱的选择

注：整个视频时长控制在 50～60 秒之间，通过场景转换和旁白字幕的结合，全面展示了奶源、奶质、生产工艺、口感与风味等消费者关注的重点，营造出温馨、健康、高品质的品牌形象。

步骤02 文心一言初步生成的脚本对场景画面的描述还不够具体，为便于后续进行画面内容的创作，要求文心一言细化画面描述，对话过程如下。

拆分场景画面，使脚本更加详细。

以下是对上述视频脚本的进一步拆分，使每个场景画面更加详细：

场景一：清晨，阳光透过窗帘缝隙，照在温馨的卧室

画面1：镜头从窗外慢慢拉近，阳光斑驳地洒在卧室的地板上，营造出一种宁静而温暖的氛围。

画面2：镜头转向床边，年轻妈妈轻轻摇晃孩子的肩膀，孩子慢慢睁开眼睛，两人相视一笑，眼神中充满爱意。

旁白：每一个清晨，都是新的开始，用爱唤醒家的味道。

字幕：晨光轻抚，唤醒温馨滋味

场景二：切换到牧场，蓝天白云下，奶牛悠闲地吃着草

画面1：广角镜头展现广阔的牧场，蓝天白云作为背景，草地绿油油的，一片生机勃勃的景象。

画面2：镜头缓缓推进，聚焦在一群奶牛身上，它们悠闲地低头吃草，偶尔抬头望向远方，显得非常自在。

画面3：特写镜头展示奶牛轻轻摇动耳朵，悠闲地甩动尾巴，强调其健康状态。

旁白：源自黄金奶源带，每一滴都沐浴着自然的恩赐。我们的奶牛，享受着纯净的空气与水源。

字幕：黄金奶源，自然之选

场景三：现代化牛奶加工厂，高科技生产线

画面1：快速切换至工厂外观，现代化的建筑在阳光下熠熠生辉。

画面2：进入工厂内部，镜头跟随生产线移动，展示自动化挤奶设备，奶牛有序排队接受挤奶。

画面3：生产线上的牛奶经过一系列精密的过滤、杀菌、灌装等工序，工人们穿着整洁的工作服，专注操作。

旁白：我们采用国际领先的生产工艺，从挤奶到封装，全程严格监控，确保每一滴牛奶的纯净与安全。

字幕：科技护航，品质保证

场景四：家庭厨房，妈妈正在为孩子准备早餐

画面1：厨房内，妈妈从冰箱中取出一瓶该品牌牛奶，轻轻放在台面上。

画面2：妈妈将牛奶缓缓倒入玻璃杯，牛奶呈现出纯白色泽，显得非常诱人。

画面3：孩子兴奋地接过牛奶，轻轻品尝，脸上露出满足的表情。

旁白：口感丝滑，风味纯正，不仅满足孩子的成长需求，更是全家人健康生活的优选。

字幕：丝滑口感，纯正风味

场景五：全家围坐餐桌旁，共享早餐时光

画面1：镜头拉远，展现全家人在餐桌旁围坐的场景，桌上摆放着丰盛的早餐，包括牛奶、面包、水果等。

画面2：特写镜头，聚焦在餐桌中央的那瓶牛奶，它成了早餐的亮点。

画面3：全家人边吃边聊，脸上洋溢着幸福的笑容，强调牛奶为家庭带来的温馨与和谐。

旁白：选择我们，就是选择了一个健康、幸福的开始。每一天，从一杯好奶开始，滋养全家人的幸福时光。

字幕：滋养幸福，从这一杯开始

场景六：结尾

画面：品牌徽标缓缓出现，背景音乐渐弱，画面定格在一家人温馨的笑容上。

旁白：醇悦牛奶，与您共享每一刻的温馨与美好。

字幕：醇悦牛奶，爱的选择

步骤03　新的脚本运用多个画面细腻地展现每个主要场景，极大地丰富了视频的内容。最后让文心一言从脚本中提取旁白，以便于后续制作旁白配音，对话过程如下。

请将以上脚本中的旁白提取出来，再合并成一段。

以下是提取并合并后的旁白：

每一个清晨，都是新的开始，用爱唤醒家的味道。源自黄金奶源带，每一滴都沐浴着自然的恩赐。我们的奶牛，享受着纯净的空气与水源。我们采用国际领先的生产工艺，从挤奶到封装，全程严格监控，确保每一滴牛奶的纯净与安全。口感丝滑，风味纯正，不仅满足孩子的成长需求，更是全家人健康生活的优选。选择我们，就是选择了一个健康、幸福的开始。每一天，从一杯好奶开始，滋养全家人的幸福时光。醇悦牛奶，与您共享每一刻的温馨与美好。

02 使用 Vega AI 生成图像素材

撰写好脚本后，接下来就可以依据脚本中描述的画面，使用 AI 工具生成视频制作所需的图像素材，以弥补实拍素材不足的问题，确保视频内容的完整性和创意的充分展现。本节将使用 Vega AI 完成这项任务。

步骤01　用网页浏览器打开 Vega AI 的首页（https://vegaai.art/），❶单击页面左侧的"文生图"按钮，进入"文生图"页面，❷在页面底部的提示词输入框中输入提示词，如图 9-1 所示。这里输入的提示词以视频脚本中"场景一"的"画面2"（镜头转向床边，年轻妈妈轻轻摇晃孩子的肩膀，孩子慢慢睁开眼睛，两人相视一笑，眼神中充满爱意）为主体，然后添加关于人物面部特征和环境光线的描述（亚洲面孔，明亮的光线）。

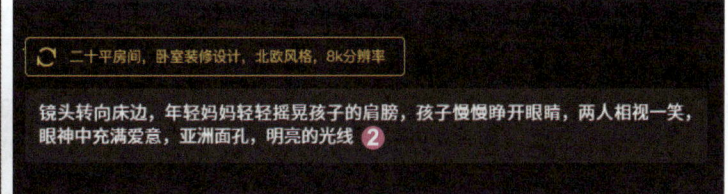

图 9-1

步骤02 在页面右侧设置绘图参数。❶根据大多数电商平台的主图视频技术规范,将"图片尺寸"设置为 1:1,❷将"张数"设置为 4,其他参数不变,如图 9-2 所示。

步骤03 ❶单击"生成"按钮,AI 会根据提示词生成 4 幅图像,❷单击下方的缩略图可预览图像效果,如果对当前图像感到满意,❸单击右侧的 按钮,下载并保存图像,如图 9-3 所示。使用相同的方法生成所需的其他图像素材。

图 9-2 　　　　　　　　　　图 9-3

> **提示**
>
> 单击生成图像右侧的 HD 按钮,可获取图像的高清版本。

03 使用即梦 AI 生成视频素材

除了静态的图像素材,动态的视频素材也是视频创作不可或缺的。视频素材同样可以借助 AI 工具来生成。本节将使用即梦 AI 的"文本生视频"功能完成这项任务。

创作优质电商主图视频　157

步骤01　用第 3 章讲解的方法登录即梦 AI（https://jimeng.jianying.com/）的工作界面，单击"AI 视频"下的"视频生成"按钮，如图 9-4 所示。

图 9-4

步骤02　进入"视频生成"页面，❶切换至"文本生视频"选项卡，❷在文本框中输入提示词，这里根据视频脚本中"场景一"的"画面 1"，输入"镜头从窗外慢慢拉近，阳光斑驳地洒在卧室的地板上，营造出一种宁静而温暖的氛围"，❸根据提示词的描述，将"运动速度"设置为"慢速"，如图 9-5 所示。

步骤03　❶将"生成时长"设置为 3 秒，❷根据主图视频的技术规范将"视频比例"设置为 1∶1，❸单击"生成视频"按钮，如图 9-6 所示。

图 9-5 　　　　　　　　　　　　　　　图 9-6

步骤04　稍等片刻，即梦 AI 便会根据输入的提示词和设置的参数生成一段视频，单击右上角的"下载"按钮可下载视频，如图 9-7 所示。如果对生成结果不满意，可以单击下方的"再次生成"按钮，重新生成视频，直至得到满意的结果为止。使用相同的方法生成所需的其他视频素材。

图 9-7

04 使用剪映的"图文成片"功能生成项目框架

有了图像素材和视频素材后,就可以进行内容的拼接与整合。本节将使用剪映的"图文成片"功能,基于之前用文心一言撰写的旁白生成一个项目框架,为添加图像素材和视频素材做准备。

步骤01 在计算机上打开剪映,单击首页的"图文成片"按钮,如图 9-8 所示。

步骤02 在弹出的"图文成片"对话框中单击左上角的"自由编辑文案"按钮,如图 9-9 所示。

图 9-8    图 9-9

步骤03 将之前从视频脚本中提取出的旁白文案复制、粘贴到文本框中,如图 9-10 所示。

创作优质电商主图视频　159

图 9-10

步骤04　❶单击右下角的"知性女声"，❷在弹出的列表中选择心仪的发音人，如图 9-11 所示。选择发音人之前，可以单击发音人右侧的 ▶ 按钮进行试听。

步骤05　❶单击"生成视频"按钮，❷在弹出的列表中选择"使用本地素材"选项，如图 9-12 所示。

图 9-11 　　　　　　　　　　　图 9-12

步骤06　等待片刻，AI 会根据旁白文案自动生成一个项目框架，其中包含旁白字幕、旁白语音、背景音乐，只缺少画面内容，如图 9-13 所示。

图 9-13

160　剪映+AI 短视频制作从入门到精通

05 使用剪映添加画面素材并调整时长

接下来需要在项目框架中添加之前生成的画面素材（包括图像素材和视频素材），并根据旁白语音调整这些素材的显示时长，使画面与语音一一对应。

步骤01　❶在"播放器"面板中单击右下角的"16:9"按钮，❷在展开的列表中选择"1:1"选项，如图9-14所示，将视频的长宽比更改为1:1。

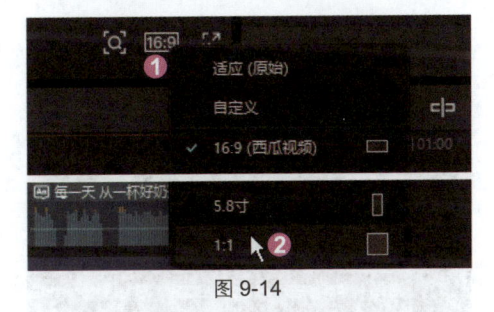

图9-14

步骤02　为了精确控制编辑过程，单击工具栏中的"关闭联动"按钮，如图9-15所示，这样在添加和调整画面素材时，旁白字幕不会跟随画面素材移动。

步骤03　单击"媒体"素材库中的"导入"按钮，如图9-16所示。

图9-15 　　　　　　　　　图9-16

步骤04　弹出"请选择媒体资源"对话框，❶选中之前用Vega AI和即梦AI生成的所有画面素材，❷单击"打开"按钮，如图9-17所示，将素材导入到项目中。

步骤05　找到对应第1段旁白语音的画面素材，单击其右下角的"添加到轨道"按钮，如图9-18所示。

图9-17 　　　　　　　　　图9-18

创作优质电商主图视频　161

步骤06　所选素材被添加到时间轴中的视频轨道上，如图 9-19 所示。使用相同的方法，根据旁白语音将画面素材依次添加到视频轨道上。

步骤07　❶单击选中第 2 段画面素材，❷将时间线移动到合适的位置，❸单击工具栏中的"向右裁剪"按钮，如图 9-20 所示。

图 9-19 　　　　　　　　　　　　　图 9-20

步骤08　所选素材中位于当前时间点之后的部分被删除，如图 9-21 所示。

步骤09　单击选中第 4 段画面素材，如图 9-22 所示。

图 9-21 　　　　　　　　　　　　　图 9-22

步骤10　❶展开"变速"面板，❷将"倍数"设置为"0.7x"，如图 9-23 所示。

步骤11　在时间轴中可以看到，素材上会显示相应的倍数标识，素材的时长也变长了，如图 9-24 所示。

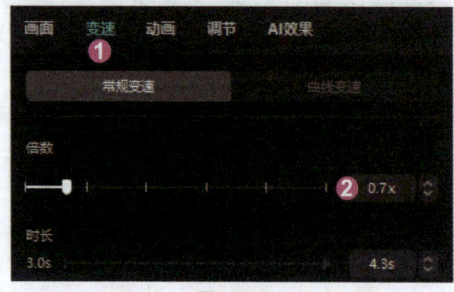

图 9-23 　　　　　　　　　　　　　图 9-24

步骤12 使用相同的方法，通过裁剪和设置变速效果等操作，调整其他画面素材的时长，使画面部分与旁白语音部分的时长一致，如图 9-25 所示。

图 9-25

06 使用剪映为视频添加转场效果

为了增强场景切换的连贯性和画面的观赏性，可以在部分画面素材之间添加转场效果。操作时要注意根据视频内容的节奏和情感表达，调整转场的时长。

步骤01 将时间线移动到第 1、2 段画面素材之间，如图 9-26 所示。

步骤02 ❶单击"转场"按钮，打开"转场"素材库，❷单击"转场效果"按钮，❸单击"幻灯片"标签，❹在右侧选择"翻页"转场，单击其右下角的"添加到轨道"按钮，如图 9-27 所示，在两段素材之间添加"翻页"转场。

图 9-26  图 9-27

步骤03 在"转场"面板中将转场的"时长"设置为 1 秒，如图 9-28 所示。

步骤04 将时间线移动到另外两段画面素材之间，如图 9-29 所示。

步骤05 ❶单击"叠化"标签，❷在右侧选择"闪白"转场，单击其右下角的"添加到轨道"按钮，如图 9-30 所示，在两段素材之间添加"闪白"转场。

步骤06 在"转场"面板中将转场的"时长"设置为 0.7 秒，如图 9-31 所示。

创作优质电商主图视频　163

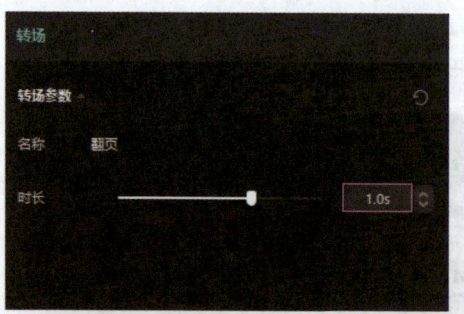

图 9-28

图 9-29

图 9-30

图 9-31

步骤07 使用相同的方法，继续在另外几段画面素材之间依次添加"雾化""黑色反转片""叠化"转场，如图 9-32 所示。

图 9-32

07 使用剪映为视频添加动画字幕

完成画面素材的处理后，接下来可以把脚本中每个场景的字幕添加到画面中。需要注意的是，这里所说的字幕不是与旁白语音对应的旁白字幕，而是用于传达和突出关键信息的字幕。为了更好地吸引观众的注意力并增添画面的视觉魅力，可以为这类字幕适当添加动画效果。

步骤01 将时间线移动到需要添加动画字幕的位置，如图9-33所示。

步骤02 ❶单击"文本"按钮，打开"文本"素材库，❷单击"默认文本"右下角的"添加到轨道"按钮，如图9-34所示。

图 9-33 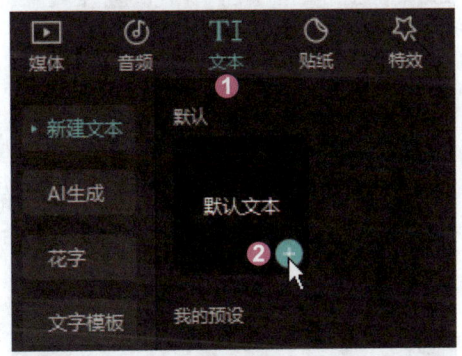　　　　　　　　　　　图 9-34

步骤03 ❶展开"文本"面板，❷在文本框中输入"场景一"的字幕文本，❸在"字体"下拉列表框中选择合适的字体，❹将"字号"设置为12，❺单击"对齐方式"右侧的 ▤ 按钮，让字幕文本靠左对齐，如图9-35所示。

步骤04 ❶展开"动画"面板，❷在"入场"选项卡下单击选择"冰雪飘动"动画，❸将"动画时长"设置为1秒，如图9-36所示。

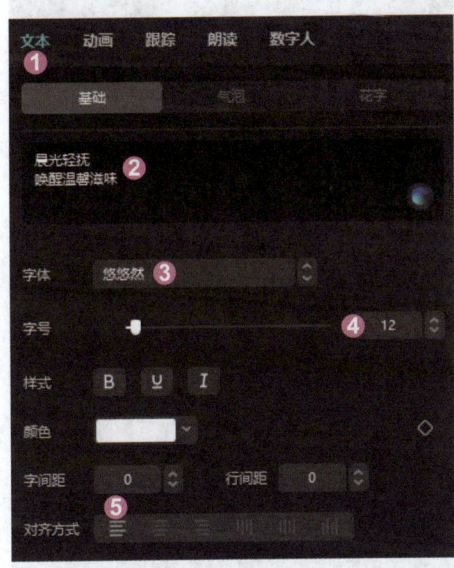

图 9-35 　　　　　　　　　　　图 9-36

步骤05 在轨道上用鼠标拖动调整动画字幕的时长，如图9-37所示，使动画字幕与对应的画面素材同时结束，如图9-38所示。

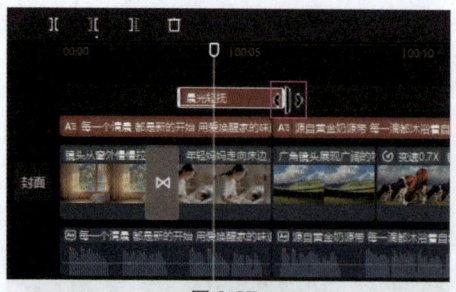

图 9-37 　　　　　　　　　　　　　图 9-38

步骤06　在"播放器"面板中将动画字幕拖动至合适的位置,然后播放视频,预览字幕的动画效果,如图 9-39 和图 9-40 所示。

图 9-39 　　　　　　　　　　　　　图 9-40

步骤07　❶右键单击轨道上的动画字幕,❷在弹出的快捷菜单中单击"复制"命令,如图 9-41 所示。

步骤08　❶将时间线向右移动到合适的位置,按快捷键〈Ctrl+V〉,❷在当前时间点粘贴复制的动画字幕,如图 9-42 所示。

图 9-41 　　　　　　　　　　　　　图 9-42

步骤09 ❶展开"文本"面板，❷将文本框中的内容更改为"场景二"的字幕文本，其他参数保持不变，如图 9-43 所示。

步骤10 在轨道上用鼠标拖动调整动画字幕的时长，如图 9-44 所示。

图 9-43　　　　　　　　　　　图 9-44

步骤11 继续使用相同的方法添加其他场景的动画字幕，如图 9-45 所示。

图 9-45

08 使用剪映为视频添加品牌徽标

按照视频脚本，结尾的"场景六"中需要出现品牌徽标。这是为了直观地展现品牌身份，让消费者能快速识别视频内容所关联的品牌，从而建立品牌与消费者之间的即时联系。本节将在视频画面的右下角添加品牌徽标。

步骤01 ❶将品牌徽标素材"logo.png"导入"媒体"素材库，❷将该素材拖动到时间轴中最后一段画面素材的上方，如图 9-46 所示。

步骤02 ❶展开"画面"面板，❷将"缩放"设置为 16%，缩小徽标图像，如图 9-47 所示。

步骤03 在"播放器"面板中将徽标图像移动到画面的右下角，如图 9-48 所示。

创作优质电商主图视频　167

图 9-46

图 9-47

图 9-48

步骤04　❶展开"动画"面板，❷在"入场"选项卡下单击选择"渐显"动画，❸将"动画时长"设置为 1.5 秒，如图 9-49 所示。

步骤05　单击旁白字幕轨道前的"隐藏轨道"按钮，隐藏旁白字幕，如图 9-50 所示。

步骤06　至此，主图视频制作完毕，单击"导出"按钮，以 MP4 格式导出视频。播放导出的视频文件，观看完整的作品效果，如图 9-51 至图 9-54 所示。

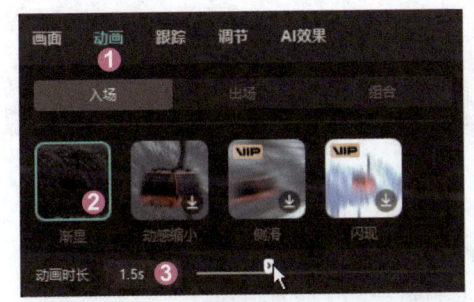

图 9-49

图 9-50

图 9-51

图 9-52

图 9-53

图 9-54

创作优质电商主图视频 169

10 打造爆款文旅宣传片

文旅宣传片通过视觉、听觉和情感的多重触动，全方位地展现一个地区的自然风光、文化底蕴、民俗风情、特色美食和现代发展成就，吸引游客前来探索与体验。本章将全面展示如何结合使用剪映和 AI 工具打造一部文旅宣传片。

01 使用剪映的"图文成片"功能快速生成视频初稿

第 9 章使用剪映的"图文成片"功能基于现有文案生成视频项目的框架，本节则要使用该功能自动完成从文案撰写到素材匹配的全部流程，生成视频的初稿。

步骤01 在计算机上打开剪映，单击首页的"图文成片"按钮，如图 10-1 所示。

图 10-1

步骤02 弹出"图文成片"对话框，❶单击左侧的"旅行感悟"标签，❷在"旅行地点"文本框中输入地点，如"西安"，❸将"视频时长"设置为"1～3 分钟"，❹设置完成后单击"生成文案"按钮，如图 10-2 所示。

步骤03 稍等片刻，AI 会根据输入的地点生成 3 篇文案，使用下方的"<"和">"按钮切换浏览文案，从中选择一篇满意的文案，如图 10-3 所示。

图 10-2

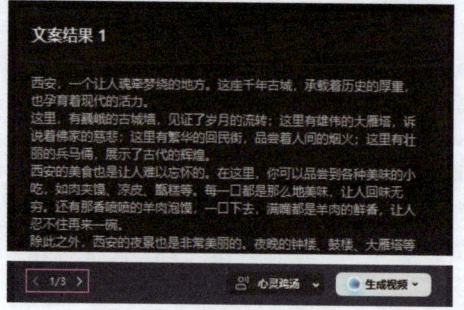

图 10-3

170 剪映+AI 短视频制作从入门到精通

步骤04 ❶单击对话框右下角的"心灵鸡汤"按钮，❷在弹出的列表中选择发音人，如图 10-4 所示。

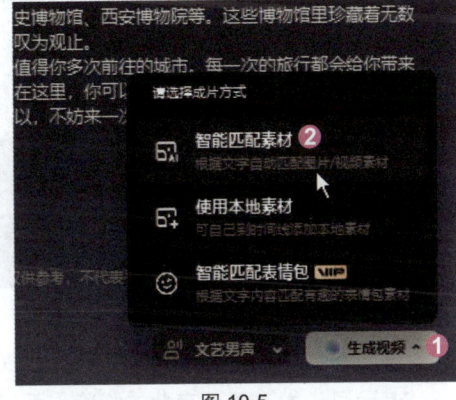

步骤05 ❶单击"生成视频"按钮，❷在弹出的列表中选择"智能匹配素材"选项，如图 10-5 所示。

图 10-4

图 10-5

步骤06 等待片刻，AI 会根据文案自动生成一个包含画面、旁白字幕、旁白语音、背景音乐的视频初稿，如图 10-6 所示。这个初稿通常会有一些不尽如人意的地方，需要用户进行手动修改。

图 10-6

打造爆款文旅宣传片 171

02 使用即梦 AI 生成视频素材

"图文成片"功能会根据文案自动匹配图像素材或视频素材，但是有一部分匹配结果可能不准确或不符合创作构想。本节将使用即梦 AI 生成更符合预期效果的视频素材，用于替换自动匹配结果中效果不好的素材。

步骤01 用第 3 章讲解的方法登录即梦 AI（https://jimeng.jianying.com/）的工作界面，单击"AI 视频"下的"视频生成"按钮，如图 10-7 所示。

图 10-7

步骤02 进入"视频生成"页面，❶切换至"文本生视频"选项卡，❷在文本框中输入提示词，如"随着夜幕的降临，西安这座古城内的灯光逐渐亮起，与星空交相辉映，营造出一种梦幻而迷人的氛围"，❸单击"运镜控制"下的"随机运镜"，如图 10-8 所示。

步骤03 弹出"运镜控制"对话框，❶单击"变焦"右侧的按钮，❷然后单击"幅度"右侧的"中"按钮，将运镜方式设为"变焦拉远·中"，❸单击"应用"按钮，如图 10-9 所示。

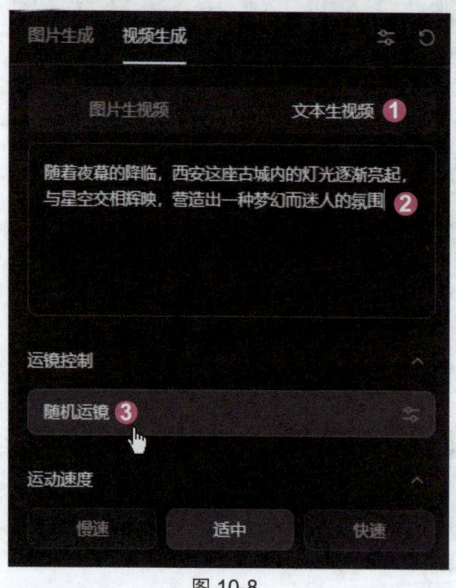

图 10-8 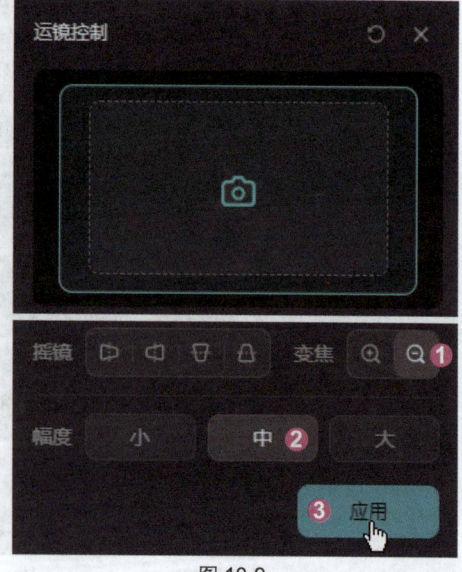　　图 10-9

172　剪映+AI 短视频制作从入门到精通

步骤04 单击"生成视频"按钮，稍等片刻，即梦 AI 会根据输入的提示词和设置的参数生成一段视频。将鼠标指针放在视频上，单击右上角的"下载"按钮，即可下载并保存视频，如图 10-10 所示。使用相同的方法生成所需的其他视频素材。

图 10-10

03 使用剪映替换视频初稿中的部分素材

有了满意的视频素材之后，就可以在剪映中用这些新素材替换初稿中不满意的素材，并根据语音和字幕调整新素材的时长，确保声画同步。

步骤01 为了精确控制编辑过程，单击工具栏中的"关闭联动"按钮，如图 10-11 所示。

图 10-11

步骤02 导入即梦 AI 生成的所有新素材。选择用于替换初稿中第 1 段视频素材的新素材，单击其右下角的"添加到轨道"按钮，如图 10-12 所示。

步骤03 所选新素材被添加到视频轨道中，如图 10-13 所示。

步骤04 接着根据语音和字幕调整新素材的时长。❶展开"变速"面板，❷在"常规变速"选项卡下将"倍数"设置为"0.8x"，增加新素材的时长，如图 10-14 所示。

步骤05 ❶按〈↓〉键，将时间线移动到第 1 段旁白字幕结束处，❷单击工具栏中的"向右裁剪"按钮，如图 10-15 所示。

打造爆款文旅宣传片 173

图 10-12

图 10-13

图 10-14

图 10-15

`步骤06` 新素材中位于当前时间点之后的部分被删除，如图 10-16 所示。

`步骤07` ❶在轨道上单击选中原来的第 1 段视频素材，❷单击工具栏中的"删除"按钮，如图 10-17 所示，删除该素材。

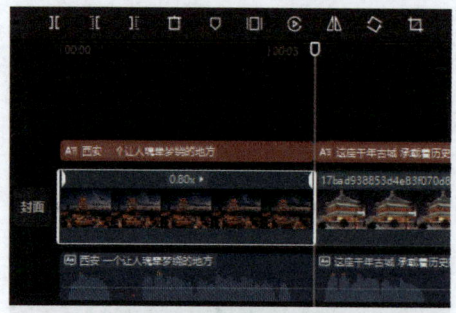

图 10-16

图 10-17

`步骤08` 使用相同的方法，用新素材替换视频初稿中不满意的素材，并适当调整新素材的时长，效果如图 10-18 所示。

图 10-18

174 剪映+AI 短视频制作从入门到精通

04 使用剪映的"文字模板"添加动画字幕

　　旅游目的地的地标性建筑和特色景点是当地的象征和吸引游客的关键因素,也是文旅宣传片的重点展示对象。为便于观众识别和记忆,视频中对这些地标和景点需要做出清晰的标注。本节将通过添加动画字幕完成这项任务。

步骤01 单击旁白字幕轨道前的"隐藏轨道"按钮,如图 10-19 所示,隐藏旁白字幕。

步骤02 ❶单击"文本"按钮,打开"文本"素材库,❷单击"文字模板"按钮,如图 10-20 所示。

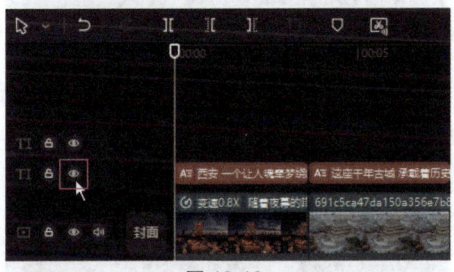

图 10-19

图 10-20

步骤03 ❶单击"旅行"标签,❷在右侧选择一种文字模板,单击其右下角的"添加到轨道"按钮,如图 10-21 所示。

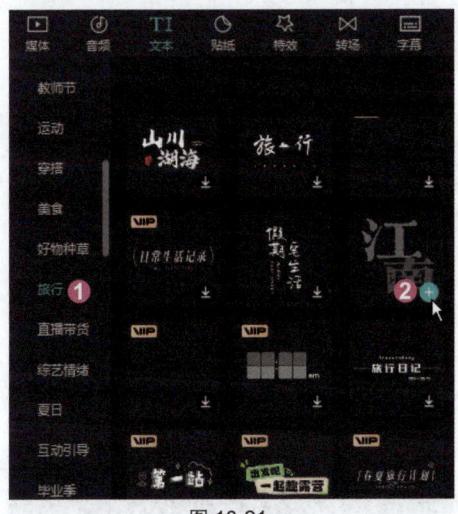

步骤04 ❶展开"文本"面板,❷将"第 1 段文本"和"第 2 段文本"分别修改为"西"和"安",❸将"缩放"设置为 35%,缩小文本,如图 10-22 所示。

图 10-21

图 10-22

打造爆款文旅宣传片　175

步骤05 将时间线向右拖动一定距离，如图 10-23 所示，在"播放器"面板中预览添加的字幕效果，如图 10-24 所示。

图 10-23

图 10-24

步骤06 将时间线向右拖动到需要显示第 1 处地点标注的位置，如图 10-25 所示。

步骤07 ❶在"文本"素材库中单击"时间地点"标签，❷在右侧选择一种文字模板，单击其右下角的"添加到轨道"按钮，如图 10-26 所示。

图 10-25

图 10-26

步骤08 ❶展开"文本"面板，❷将"第 1 段文本"修改为"西安·古城墙"，❸将"缩放"设置为 49%，如图 10-27 所示。

步骤09 在"播放器"面板中将字幕移动到合适的位置上，如图 10-28 所示。

图 10-27

图 10-28

步骤10 使用相同的方法,在其他画面中添加地点标注的动画字幕,如图 10-29 和图 10-30 所示。

图 10-29

图 10-30

05 使用剪映的滤镜优化画面色彩

为了增强作品的视觉吸引力和艺术感,接下来通过添加滤镜优化画面的色彩饱和度和光影效果。

步骤01 将时间线移动到要优化色彩的第 2 段视频素材开始处,如图 10-31 所示。

步骤02 ❶单击"滤镜"按钮,打开"滤镜"素材库,❷单击"滤镜库"按钮,❸单击"风景"标签,❹选择"阴天拯救"滤镜,单击其右下角的"添加到轨道"按钮,如图 10-32 所示。

图 10-31

图 10-32

步骤03 在"滤镜"面板中将"强度"设置为 80,降低滤镜的强度,如图 10-33 所示。

步骤04 在轨道中用鼠标拖动调整滤镜的时长,使其与对应的视频素材时长一致,如图 10-34 所示。

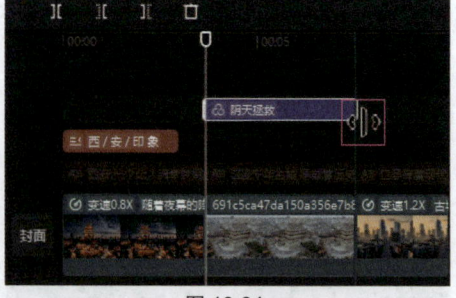

图 10-33

图 10-34

步骤05 在"播放器"面板中预览应用"阴天拯救"滤镜调色后的画面效果,如图 10-35 所示。

步骤06 ❶右键单击轨道上的"阴天拯救"滤镜,❷在弹出的快捷菜单中单击"复制"命令,如图 10-36 所示。

图 10-35

图 10-36

步骤07 ❶将时间线向右拖动到需要添加相同滤镜的位置,❷按快捷键〈Ctrl+V〉,在当前时间点粘贴复制的滤镜,如图 10-37 所示。

步骤08 用鼠标拖动调整粘贴的滤镜的时长,使其与对应的视频素材时长一致,如图 10-38 所示。

图 10-37

图 10-38

步骤09　使用相同的方法，为展示当地特色美食的视频素材添加"美食"分类下的"轻食"和"美食增色"滤镜，使画面中的食物色泽更诱人，如图10-39所示。

图10-39

06 使用剪映为视频添加转场和特效

本节将在部分视频片段之间添加转场效果，使不同场景的切换更加自然流畅，避免突兀的跳跃感，并适当添加一些特效，以增强画面的视觉冲击力和观赏性。

步骤01　将时间线移动到第1、2段视频素材之间，如图10-40所示。

步骤02　❶单击"转场"按钮，打开"转场"素材库，❷单击"转场效果"按钮，如图10-41所示。

图10-40　　　　　　　图10-41

步骤03　❶单击"综艺"标签，❷选择"拉框入屏"转场，单击其右下角的"添加到轨道"按钮，如图10-42所示。

步骤04　在"转场"面板中将"时长"设置为1秒，增加转场效果的作用时长，如图10-43所示。

图 10-42 　　　　　　　　　　　　　图 10-43

步骤05　在"播放器"面板中播放视频,预览添加的"拉框入屏"转场效果,如图10-44和图10-45所示。使用相同的方法在其他视频片段之间添加合适的转场效果。

图 10-44 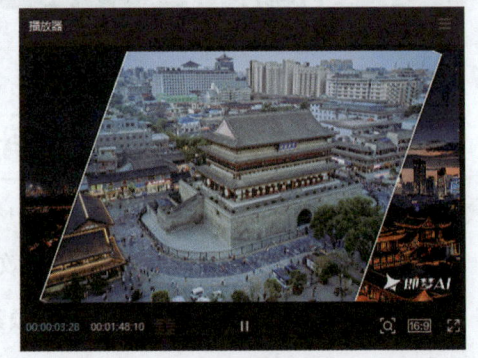　　　　　　　　　　　　　图 10-45

步骤06　将时间线向右拖动到需要添加特效的位置,如图10-46所示。

步骤07　❶单击"特效"按钮,展开"特效"素材库,❷单击"画面特效"按钮,展开画面特效,❸单击"自然"标签,❹选择"晴天光线"特效,单击其右下角的"添加到轨道"按钮,如图10-47所示。

图 10-46 　　　　　　　　　　　　　图 10-47

180　剪映+AI短视频制作从入门到精通

步骤08　❶"晴天光线"特效被添加到轨道上，❷用鼠标拖动调整该特效的时长，使其与对应的视频素材时长一致，如图 10-48 所示。

步骤09　在"播放器"面板中可以预览应用"晴天光线"特效后的画面效果，如图 10-49 所示。

图 10-48　　　　　　　　　　图 10-49

步骤10　使用相同的方法，继续在其他位置适当添加特效，如图 10-50 所示。至此，文旅宣传片制作完毕，单击右上角的"导出"按钮，即可导出视频。

图 10-50

打造爆款文旅宣传片　181

11 制作逼真的数字人教学视频

作为一种现代教育工具，教学视频凭借其直观易懂、可反复观看、可随时随地学习的优势，已经成为知识传递与技能教授的重要手段，正在深刻地改变我们的学习方式和教育生态。随着 AI 驱动的数字人技术的兴起，教学视频的制作方式正经历着前所未有的变革，不仅人力成本大幅降低，制作周期也显著缩短。本章将详细介绍如何打造栩栩如生的数字人教学视频。

01 使用通义万相生成数字人形象

制作数字人教学视频的第一步是要塑造一个栩栩如生的虚拟教师角色形象，本节将使用通义万相的"文字作画"功能完成这项任务。

步骤01 用第 2 章讲解的方法打开通义万相（https://tongyi.aliyun.com/wanxiang/）的"文字作画"界面，❶选择"万相2.0 极速"模型，❷输入提示词"一位中国女教师形象，短发，穿着得体的套装，气质文雅，眼神睿智，面对镜头，第一人称视角，纯色背景，写实风格"，如图 11-1 所示。

步骤02 ❶将"比例"设置为 1∶1，❷单击"生成画作"按钮，如图 11-2 所示。

图 11-1 　　　　　　　　　图 11-2

步骤03 稍等片刻，通义万相会根据提示词生成 4 幅图像。将鼠标指针放在喜欢的图像上，❶单击"下载"按钮，❷在弹出的列表中选择"无水印下载"选项，下载并保存无水印的图像，如图 11-3 所示。

图 11-3

02 使用来画生成数字人口播视频

有了数字人形象后，下一步便是让数字人形象"活起来"，能够生动地进行教学讲解。本节将使用来画的"照片数字人"功能基于数字人图片和口播文案生成流畅的数字人口播视频。

步骤01 用网页浏览器打开来画的首页（https://www.laihua.com/），单击页面中的"立即使用"按钮，如图 11-4 所示。在弹出的登录框中按照说明进行登录。

图 11-4

步骤02 登录成功后，进入"AI 动画视频"页面，在左侧的导航栏中单击"数字人模板"按钮，如图 11-5 所示。

步骤03 进入"AI 数字人视频"页面，❶在左侧的导航栏中单击"数字人"按钮，❷在右侧的"数字人实验室"组中单击"照片数字人"功能的"上传照片"按钮，如图 11-6 所示。

图 11-5 　　　　　　图 11-6

制作逼真的数字人教学视频　183

步骤04 进入制作数字人视频的页面，在弹出的"上传照片"对话框中单击"上传照片"按钮，如图11-7所示。

图11-7

步骤05 弹出"打开"对话框，❶选中之前保存的数字人图像，❷单击"打开"按钮，如图11-8所示。

步骤06 ❶上传成功的数字人图像会显示在"上传照片"对话框左侧，❷在"数字人名称"右侧的横线上输入数字人的名称，如"晓晓"，❸单击"确定"按钮，如图11-9所示。

图11-8　　　　　　　　　　图11-9

步骤07 随后视频画面中会显示上传的数字人图像，如图11-10所示。

步骤08 ❶单击页面左侧的"背景"按钮，展开相应的面板，❷单击白色色块，将背景颜色设置为白色，❸按〈↓〉键向下移动数字人图像，使其与视频画面下边缘对齐，如图11-11所示。

图 11-10

图 11-11

步骤09 打开整理好的口播文案，依次按快捷键〈Ctrl+A〉和〈Ctrl+C〉，将所有文案复制到剪贴板，如图 11-12 所示。

步骤10 返回制作页面，删除右侧"播报内容"下方"文本转语音"文本框中的默认文案，然后按快捷键〈Ctrl+V〉，粘贴复制的文案，如图 11-13 所示。

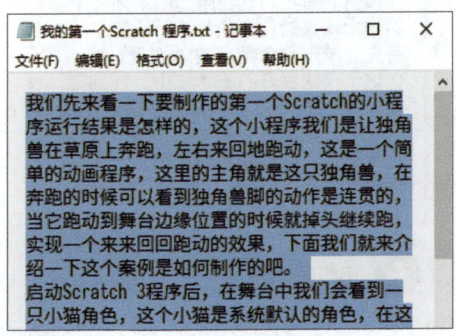

图 11-12

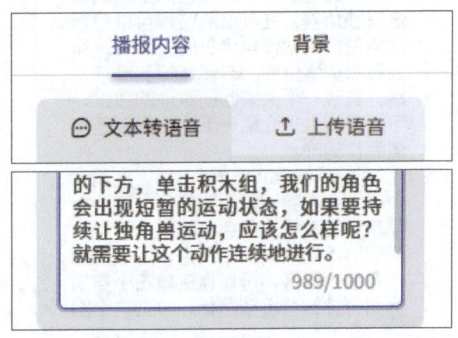

图 11-13

制作逼真的数字人教学视频 185

步骤11　为了获得更自然的口播效果，需要在文案中设置停顿。将插入点放置在第1段文本之前，如图11-14所示。

步骤12　❶单击"停顿"按钮，❷在弹出的列表中单击"0.5s"选项，如图11-15所示，表示在插入点所在位置添加时长0.5秒的停顿。

图11-14

图11-15

步骤13　继续使用相同的操作方法，在其他段落之前添加适当时长的停顿，如图11-16所示。

步骤14　设置完所有停顿后，单击下方的"全部配音"按钮，如图11-17所示。

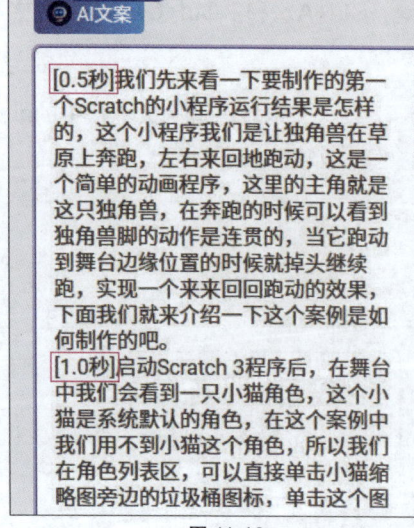

图11-16

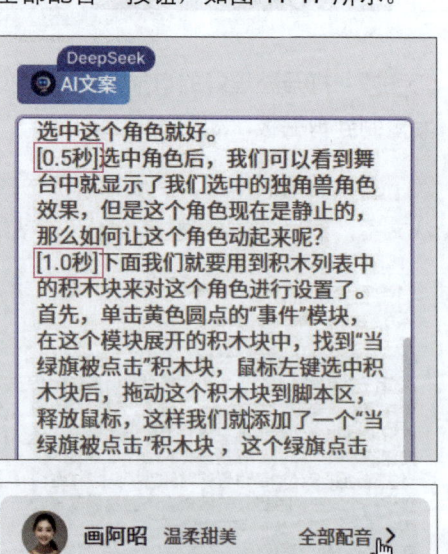

图11-17

步骤15　弹出"音色选择"对话框，❶单击"角色"标签组中的"女性"标签，❷单击"付费权限"标签组中的"免费"标签，筛选可免费使用的女性音色，❸在筛选结果中选择一种合适的音色，❹单击"确定"按钮，如图 11-18 所示。

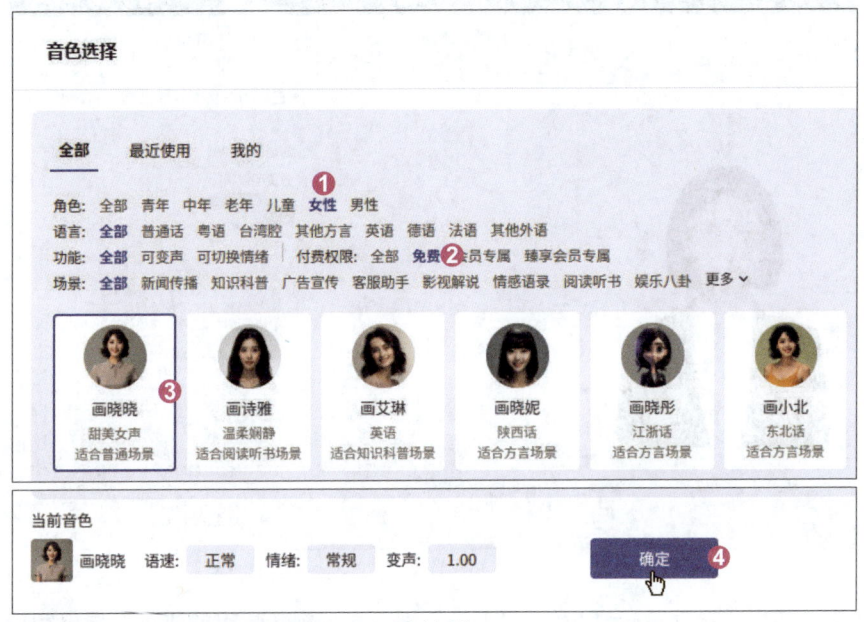

图 11-18

步骤16　单击口播文案下方的"保存并生成音频"按钮，如图 11-19 所示。

步骤17　稍等片刻，AI 会根据上述设置生成数字人口播视频。单击"字幕"开关按钮，隐藏字幕，如图 11-20 所示。

图 11-19　　　　图 11-20

制作逼真的数字人教学视频　187

步骤18 ❶单击▶按钮可试听音频效果，❷确认无误后，单击页面右上角的"导出"按钮，导出视频，如图 11-21 所示。

图 11-21

步骤19 随后会自动跳转至"作品管理"页面并显示视频导出的进度。导出完毕后，将鼠标指针放在视频上，单击⬇按钮，如图 11-22 所示，即可将视频下载并保存至本地硬盘。

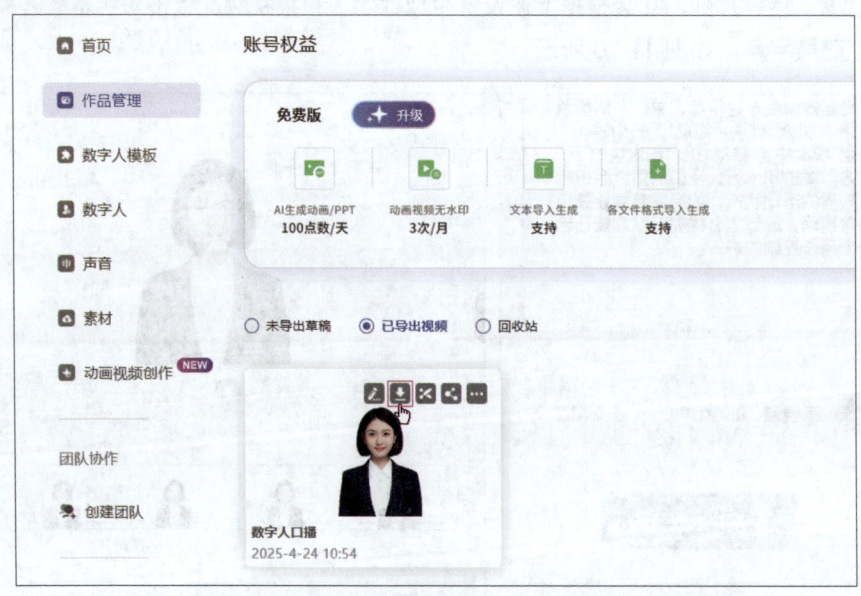

图 11-22

03 使用剪映合成数字人教学视频

获得数字人口播视频之后,接下来使用剪映将这段数字人口播视频叠加到预先录制好的教学视频上。

步骤01 在计算机上打开剪映,导入预先录制好的视频素材"我的第一个 Scratch 程序"和之前生成的视频素材"数字人口播"。单击"我的第一个 Scratch 程序"右下角的"添加到轨道"按钮,如图 11-23 所示,将该视频素材添加到视频轨道中。

步骤02 ❶右键单击视频轨道中的视频素材,❷在弹出的快捷菜单中单击"分离音频"命令,如图 11-24 所示。

图 11-23

图 11-24

步骤03 ❶原视频素材中的音频被分离至独立的音频轨道,❷单击音频轨道前的"关闭原声"按钮,关闭视频素材原声,如图 11-25 所示。

步骤04 将之前导入的视频素材"数字人口播"拖动到时间轴上的视频素材"我的第一个 Scratch 程序"上方,如图 11-26 所示。

图 11-25

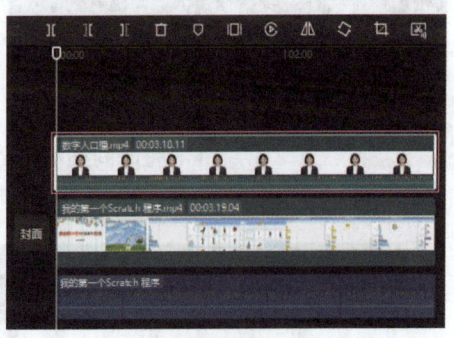

图 11-26

步骤05 ❶展开"画面"面板,❷将"缩放"设置为 39%,❸将"位置"的 X 和 Y 坐标值分别设置为 -1588 和 -889,如图 11-27 所示。

步骤06 在"播放器"面板中可预览调整大小和位置后的数字人形象,如图 11-28 所示。

图 11-27

图 11-28

步骤07 ❶切换至"蒙版"选项卡,❷单击选择"圆形"蒙版,❸将"位置"的 Y 坐标值设置为 128,❹将"大小"的"长"和"宽"均设置为 620,如图 11-29 所示。

步骤08 在"播放器"面板中可预览添加蒙版后的数字人形象,如图 11-30 所示。

图 11-29

图 11-30

步骤09 ❶按〈↓〉键,将时间线移动到视频素材"数字人口播"结束处,❷单击工具栏中的"定格"按钮,如图 11-31 所示,定格画面。

图 11-31

190 剪映+AI 短视频制作从入门到精通

步骤10 ❶按〈↓〉键，将时间线移动到视频素材"我的第一个 Scratch 程序"结束处，❷单击工具栏中的"向右裁剪"按钮，如图 11-32 所示，剪辑掉多余的内容。

图 11-32

步骤11 将时间线移动到视频画面开始处，如图 11-33 所示。

步骤12 ❶单击"贴纸"按钮，打开"贴纸"素材库，❷单击"贴纸素材"按钮，❸搜索关键词"圆形"，❹在搜索结果中选择心仪的贴纸素材，单击其右下角的"添加到轨道"按钮，如图 11-34 所示，在画面中添加贴纸。

图 11-33

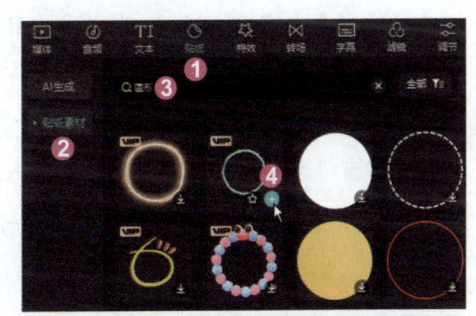

图 11-34

步骤13 用鼠标拖动调整贴纸素材的时长，使其与画面时长一致，如图 11-35 所示。

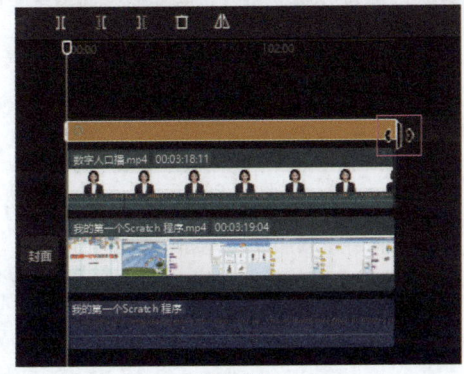

步骤14 ❶展开"贴纸"面板，❷将"缩放"设置为 59%，❸将"位置"的 X 和 Y 坐标值分别设置为 -1573 和 -789，如图 11-36 所示。

图 11-35

图 11-36

制作逼真的数字人教学视频　191

步骤15 在"播放器"面板中可以看到调整大小和位置后的贴纸正好框住画面左下角的数字人形象，如图 11-37 所示。

图 11-37

04 使用剪映识别语音自动生成字幕

字幕能帮助用户更轻松地理解教学视频正在讲解的内容，并且让用户在需要保持安静的场合也能进行学习，从而提升用户的学习体验。本节将使用剪映的"识别字幕"功能自动识别语音，生成相应的字幕。

步骤01 ❶单击"字幕"按钮，打开"字幕"素材库，❷单击"识别字幕"按钮，❸然后单击"开始识别"按钮，如图 11-38 所示。

步骤02 稍等片刻，剪映会根据语音生成多段字幕。❶选中第 1 段字幕，❷向右拖动时间线，如图 11-39 所示。

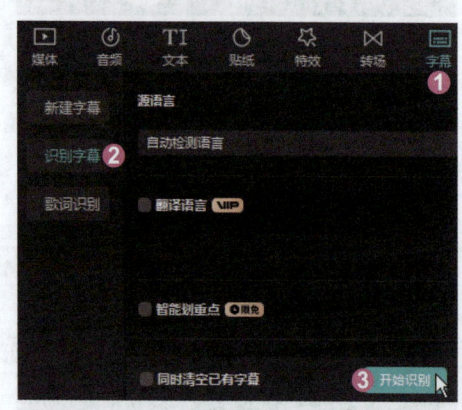

图 11-38 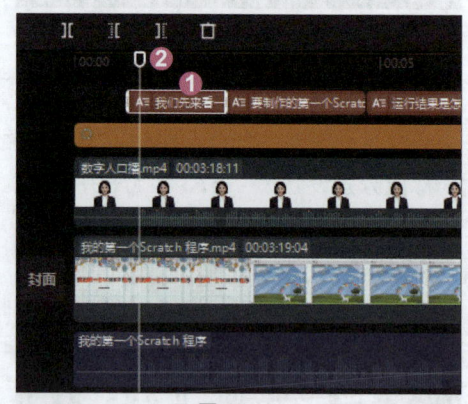　　　　图 11-39

步骤03 在"播放器"面板中可预览字幕的效果，如图 11-40 所示。

步骤04 ❶展开"文本"面板，❷在"预设样式"选项组中单击选择一种心仪的样式，❸将"位置"的 Y 坐标值设置为 -950，让字幕靠近画面底部，如图 11-41 所示。

图 11-40

图 11-41

步骤05 在"播放器"面板中可预览调整后的字幕效果,如图 11-42 所示。

步骤06 AI 自动识别语音生成的字幕可能存在错误,如图 11-43 所示,需要进行手动修改,以确保字幕的准确性和完整性。

图 11-42

图 11-43

步骤07 ❶将时间线拖动到要修改的字幕处,❷单击选中该字幕,如图 11-44 所示。

步骤08 在"文本"面板的文本框中删除多余的"当率"二字,如图 11-45 所示。

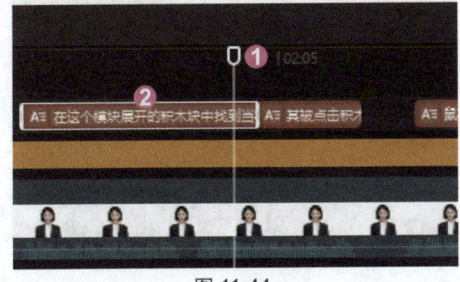

图 11-44

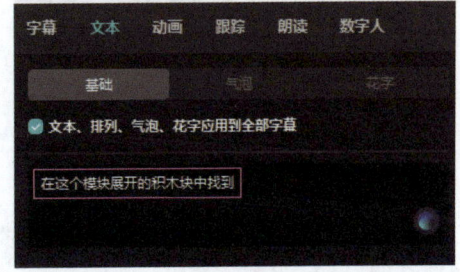

图 11-45

制作逼真的数字人教学视频 193

步骤09 用鼠标拖动调整修改后字幕的时长,使字幕和语音播报同步,如图11-46所示。

步骤10 向右拖动时间线,并在"播放器"面板中预览字幕,找到下一段要修改的字幕,如图11-47所示。

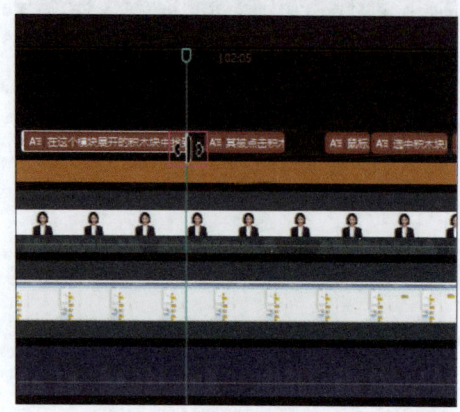

图 11-46

图 11-47

> **提示**
>
> 在剪映中,为了更精确地查看和选择时间轴中的字幕素材,可按快捷键〈Ctrl++〉来放大时间轴,或按快捷键〈Ctrl+-〉来缩小时间轴。

步骤11 单击选中字幕,用鼠标拖动调整该字幕的开始时间点,使该字幕与前一段字幕无缝衔接,如图11-48所示。

步骤12 在"文本"面板的文本框中将字幕内容修改为"'当绿旗被点击'积木块",如图11-49所示。使用相同的方法修改其他有误的字幕,完成本案例的制作。

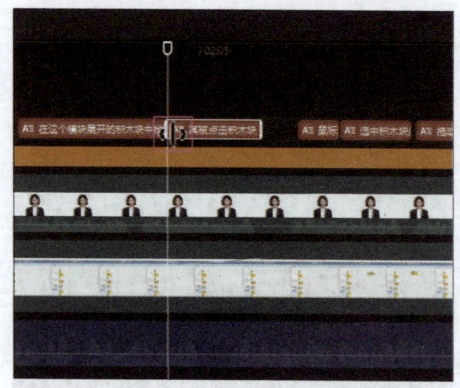

图 11-48

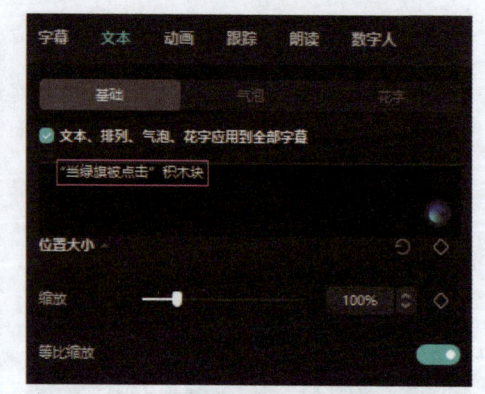

图 11-49

12 打造电影感科幻短片 ▶

　　科幻片以其别出心裁的创意和天马行空的想象力，为观众呈现了一个又一个既陌生又熟悉、既惊险又迷人的未来世界。随着技术的不断进步，AI 为科幻短片的创作注入了全新的活力与可能性。本章将会展示如何运用 AI 技术打造一部震撼人心的科幻短片。

01 使用通义千问创作故事内容

　　在创作科幻短片的过程中，如果还没有明确或完整的故事内容构思，可以借助 AI 技术撰写故事内容。本节将使用通义千问根据指定的关键词、故事背景、主要角色等要素，撰写一个科幻故事。

> 你是一名科幻小说家，擅长根据关键词构建丰富的科幻世界。请根据以下要求撰写科幻故事：
> 关键词：时间旅行、未知文明、黑洞
> 故事背景：未来宇宙探索时代
> 主要角色：勇敢的女科学家、神秘的外星生物
> 要求：
> 1. 故事要围绕关键词展开，构建独特的世界观。
> 2. 创造引人入胜的情节和角色。

> 故事标题：《时空旋涡》
> 第 1 章：黑洞之门
> 　　在遥远的未来，人类已经掌握了星际航行的技术，并开始探索更远的星系。艾莉森·陈博士是一位勇敢而聪明的女科学家，她对未知充满好奇，尤其对时间旅行的可能性抱有极大的兴趣。艾莉森领导着一个名为"时空探索者"的科研团队，他们的目标是揭开宇宙中最深的秘密。
> 　　一天，艾莉森接到了一份来自宇宙边缘的信号——这是人类从未接触过的文明发来的信息。信号中提到了一个被称为"时间之门"的黑洞，据说它能够连接不同的时空。

打造电影感科幻短片　195

艾莉森决定亲自前往这个黑洞进行探索。她的团队为这次旅程准备了一艘先进的飞船——"时光号"，这艘飞船不仅拥有超光速航行的能力，还装备了最新的时间旅行技术。

第2章：黑洞之旅

"时光号"穿越了数不清的星系，终于到达了那个神秘的黑洞附近。艾莉森启动了特殊的导航系统，小心翼翼地引导飞船接近黑洞。当她们进入黑洞的时候，周围的空间开始扭曲，时间似乎变得混乱起来。

就在她们以为自己会被黑洞吞噬之际，一道耀眼的光芒将她们包裹。当一切平静下来后，艾莉森发现自己和她的团队来到了一个完全陌生的地方——这里有着奇异的植物和未知的建筑，空气中弥漫着一种令人愉悦的气息。

第3章：未知文明

不久，艾莉森遇到了一种神秘的外星生物，它们自称是"守护者"，是这片土地上的原住民。守护者们拥有高度发达的科技，他们能够操纵时间和空间。通过心灵感应，艾莉森得知守护者们曾经与一个邪恶的文明发生过战争，那场战争几乎毁灭了整个星系。

守护者告诉艾莉森，他们使用黑洞作为屏障，将自己隔绝于外界，以防邪恶再次入侵。艾莉森被邀请参加了一个盛大的仪式，在仪式上，她了解到守护者们掌握着一种古老的力量，这种力量可以用来修复被破坏的时间线。

第4章：时间修复者

艾莉森意识到，如果能获得这种力量，就能够解决许多长期困扰人类的问题，如气候变化和资源枯竭。于是，她向守护者提出了请求。经过一番考虑，守护者决定帮助艾莉森，条件是她必须完成一项任务——找到并阻止一个试图利用时间旅行技术来改变历史进程的反派组织。

艾莉森接受了这项任务，她和守护者们一起，利用时间旅行的力量穿梭于过去与未来之间，最终成功地阻止了反派组织的计划。在这个过程中，艾莉森也逐渐理解了守护者的智慧与哲学，她学会了如何更好地利用时间的力量。

第5章：回归

完成了任务之后，艾莉森和她的团队带着守护者赋予的知识回到了自己的时代。她们带回了关于时间旅行的重要信息，以及与未知文明交流的经验。艾莉森成为历史上最伟大的探险家之一，她的名字被永远记载在人类探索宇宙的历史中。

随着时间的流逝，人类在艾莉森的带领下，开始更加和谐地与宇宙中的其他文明共存，共同探索宇宙的奥秘，开启了一个全新的宇宙探索时代。

02 使用通义千问根据故事内容撰写分镜脚本

有了故事内容后，创作流程自然而然地推进到下一个阶段——根据故事内容撰写分镜脚本，这样可以提前规划好每个镜头的内容，确保制作过程有条不紊地进行。本节将让通义千问基于之前生成的故事内容继续撰写分镜脚本。

👤 请根据以上故事内容撰写分镜脚本，每个分镜需包括镜号、画面描述、景别、旁白、时长，以表格的形式输出。

🤖 为了更好地展示《时空旋涡》的故事，我们可以将其分成几个关键场景，并为每个场景编写分镜脚本。下面是一个简化的分镜脚本示例（见表12-1），用于描绘故事的主要转折点。

表 12-1

镜号	画面描述	景别	旁白	时长（秒）
01	一个宇宙的全景，星星点缀其间，远处有一颗星球慢慢拉近	全景	在遥远的未来，人类已经掌握了星际航行的技术	5
02	艾莉森博士站在巨大的星图前，手指轻触屏幕，显示出一个遥远的黑洞	中景	艾莉森博士，一名勇敢的女科学家，对未知充满好奇	6
03	星图上出现了一个未知文明发出的信号图案	中景	一条来自宇宙深处的信息，指向一个黑洞	5
04	艾莉森带领她的团队在实验室忙碌，准备着"时光号"飞船	近景	艾莉森领导的"时空探索者"团队正准备踏上未知之旅	5
05	"时光号"飞船在太空中快速飞行，背景是浩瀚的星系	大远景	"时光号"飞船穿越了无数星系，朝着黑洞进发	7
06	飞船靠近黑洞，画面上出现扭曲的光线，飞船被吸入黑洞之中	特写	当飞船接近黑洞时，周围的空间开始扭曲……	4
07	飞船穿过黑洞，最终出现在一个充满奇异植物和未知建筑的新世界	大远景	当一切平静下来，她们来到了一个完全陌生的地方	5
08	艾莉森和她的团队走出飞船，好奇地打量着四周的奇异景象	中景	艾莉森博士和她的团队开始了探索	4
09	守护者出现，他们优雅地站在一片花丛中，背景是宏伟的建筑	中景	艾莉森遇到了一种神秘的外星生物——它们自称是"守护者"	6
10	守护者们展示操控时间的能力，周围的景象不断变化	全景	守护者们拥有操纵时空的能力，他们欢迎艾莉森的到来	5

打造电影感科幻短片 197

续表

镜号	画面描述	景别	旁白	时长（秒）
11	艾莉森与守护者通过心灵感应交流，了解他们的历史，背景是战斗后满目疮痍的城市	全景	守护者告诉艾莉森，他们曾与一个邪恶的文明战斗	5
12	守护者和艾莉森一同参加仪式，艾莉森了解守护者的使命	近景	艾莉森参加了守护者的仪式，了解了他们的使命	5
13	艾莉森和守护者一起穿梭于不同时间线，与一群试图改变历史的敌人战斗	中景	艾莉森接受了任务，与守护者一起穿越时间	5
14	艾莉森和守护者成功阻止了反派组织，保护了时间线	中景	通过智慧和勇气，艾莉森和守护者们阻止了一场灾难	6
15	艾莉森回到地球，受到人们的欢迎，庆祝她的伟大成就	近景	艾莉森带着宝贵的知识归来，成为人类历史上最伟大的探险家之一	7
16	画面展示地球和其他星球和平共处的美好景象	大远景	在她的带领下，人类开启了与宇宙中其他文明和平共存的新纪元	7

请注意，分镜脚本中的旁白需要根据实际情况进行调整，以便与画面配合得恰到好处。此外，实际拍摄时，导演可能还会根据现场情况做出相应的调整。

03 使用即梦 AI 生成视频素材

大量令人惊叹的视觉奇观是科幻短片的艺术魅力所在，也是科幻短片制作的重点和难点。本节将使用即梦 AI 将分镜脚本中用文字描述的画面转化为具体的视频素材。

步骤01　用第 3 章讲解的方法登录即梦 AI（https://jimeng.jianying.com/）的工作界面，单击"AI 视频"下的"视频生成"按钮，如图 12-1 所示。

图 12-1

步骤02 进入"视频生成"页面，❶切换至"文本生视频"选项卡，❷在文本框中输入根据分镜脚本编写的提示词，如"一个宇宙的全景，星星点缀其间，远处有一颗星球慢慢拉近"，如图 12-2 所示。

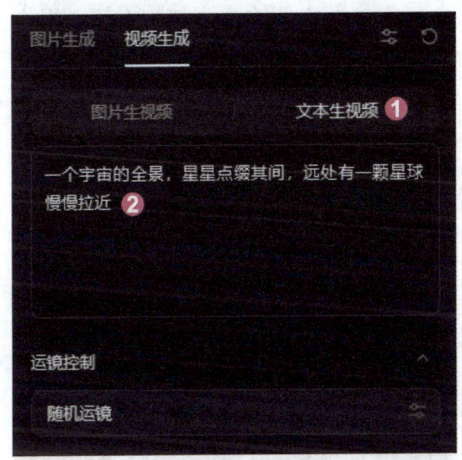

步骤03 ❶将"视频比例"设置为 16∶9，❷然后单击"生成视频"按钮，如图 12-3 所示。

图 12-2

图 12-3

步骤04 稍等片刻，即梦 AI 会根据提示词生成一段视频。将鼠标指针放在视频上，单击右上角的"下载"按钮，即可下载并保存视频，如图 12-4 所示。使用相同的方法，根据分镜脚本生成其他的视频素材。

图 12-4

> **提示**
>
> AI 创作的随机性较强，采用"文本生视频"的方式有可能始终得不到符合预期画面效果的视频素材。为了更有效地控制视频素材的画面内容，可尝试先用较先进的 AI 图片生成工具（如 Midjourney）生成满足需求的图片，再以"图片生视频"的方式生成视频素材。

打造电影感科幻短片　199

04 使用剪映导入素材并添加双语字幕

双语字幕能帮助不同语言背景的观众跨越语言障碍，更好地理解视频内容，从而扩大作品的受众范围，增加作品的传播力和影响力。本节将使用剪映的"文本朗读"功能生成旁白语音，再添加中英双语的旁白字幕。

步骤01　在计算机上打开剪映，创建新项目，导入之前生成的所有视频素材。单击第 1 段视频素材右下角的"添加到轨道"按钮，如图 12-5 所示。

步骤02　❶展开"变速"面板，❷根据分镜脚本将"时长"设置为 5 秒，如图 12-6 所示。

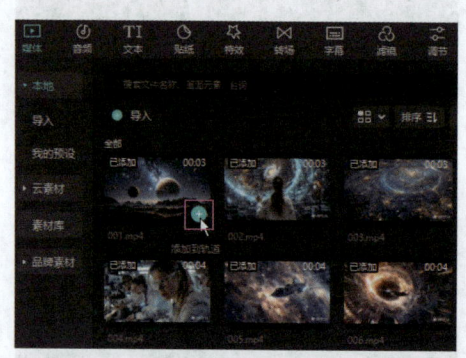

图 12-5 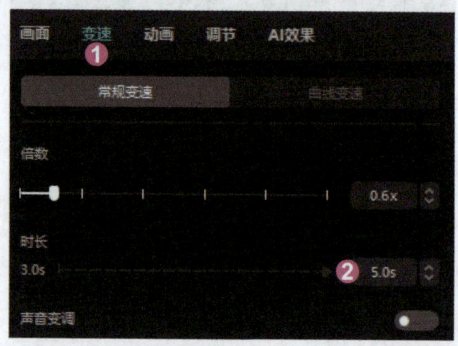　　　　　　　　　　图 12-6

步骤03　使用相同的方法将其他视频素材依次添加到视频轨道上，并根据分镜脚本分别调整它们的时长，如图 12-7 所示。

图 12-7

步骤04　❶单击"文本"按钮，打开"文本"素材库，❷单击"默认文本"右下角的"添加到轨道"按钮，如图 12-8 所示。

步骤05　❶展开"文本"面板，❷在文本框中输入分镜脚本中的旁白文本，如图 12-9 所示。

步骤06　❶展开"朗读"面板，❷单击"解说"标签，❸在筛选结果中单击选择"恐怖电影"音色，❹勾选"朗读跟随文本更新"复选框，❺单击"开始朗读"按钮，如图 12-10 所示。

步骤07 剪映会根据输入的旁白文本及选择的音色自动生成旁白语音和旁白字幕。后续会重新生成双语字幕，这里的旁白字幕已经没有用处，因此，单击字幕轨道左侧的"隐藏轨道"按钮，如图 12-11 所示，隐藏旁白字幕。

图 12-8

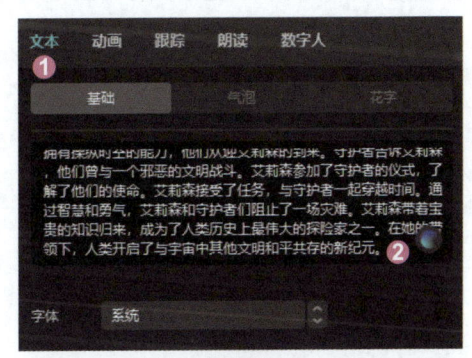

图 12-9

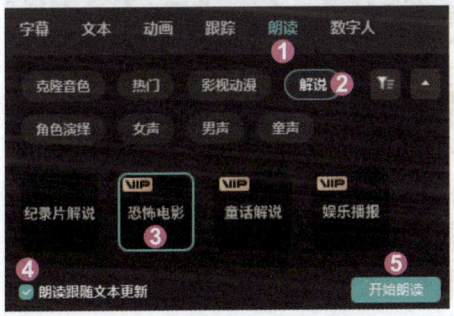

图 12-10

图 12-11

步骤08 接下来根据旁白语音重新生成中英双语字幕。❶单击"字幕"按钮，打开"字幕"素材库，❷单击"识别字幕"按钮，❸勾选"翻译语言"复选框，❹在下拉列表框中选择翻译语言为"英语"，❺单击"开始识别"按钮，如图 12-12 所示。

步骤09 稍等片刻，剪映会根据旁白语音分别生成英文字幕和中文字幕。❶选中第 1 段英文字幕，❷向右拖动时间线，如图 12-13 所示。

图 12-12

图 12-13

打造电影感科幻短片 201

步骤10　在"播放器"面板中可预览字幕的效果，如图12-14所示。

步骤11　在时间轴上拖动鼠标，选中所有英文字幕，如图12-15所示。

步骤12　❶展开"朗读"面板，❷单击面板右侧的下拉按钮，如图12-16所示，展开所有音色标签。

步骤13　❶单击"男声"标签，❷单击选择"磁性男声"音色，❸单击"开始朗读"按钮，如图12-17所示。

图12-14

图12-15

图12-16

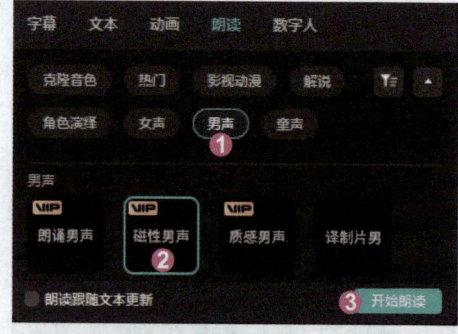

图12-17

步骤14　稍等片刻，剪映会根据所选的英文字幕及音色生成英文旁白语音，如图12-18所示。

步骤15　生成的英文旁白语音片段位于两个音频轨道，可能会出现重叠，需要将它们合并至同一轨道。单击选中下方轨道中的片段，如图12-19所示，将其向上拖动到上方轨道中的片段之后，如图12-20所示。

图 12-18

图 12-19 　　　　　　　　　　　　　图 12-20

步骤16　按住〈Ctrl〉键不放，依次单击与当前旁白语音片段对应的中文和英文旁白字幕，将它们同时选中，如图 12-21 所示。

步骤17　用鼠标向右拖动调整所选字幕开始显示的时间点，如图 12-22 所示，使字幕和语音同步。

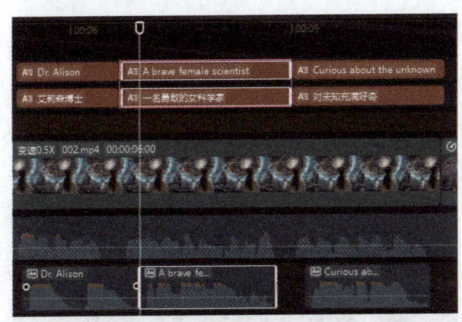

图 12-21 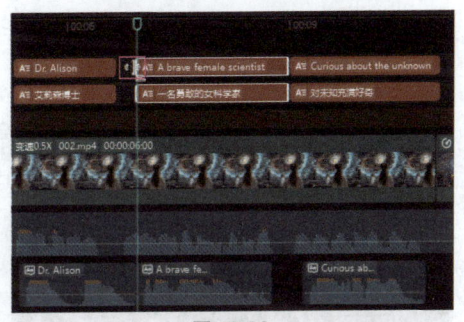　　　　　　　　　　　　　图 12-22

步骤18　使用相同的方法将所有旁白语音片段置于同一音频轨道，并调整对应旁白字幕的起止时间点。此时有两个语种的旁白语音轨道，可根据需求关闭其中一个语种的轨道。这里单击中文旁白语音轨道前的"关闭原声"按钮，关闭该轨道，如图 12-23 所示。

步骤19　❶将时间线拖动至第 2 段英文旁白字幕处，❷单击选中该字幕，如图 12-24 所示。在"播放器"面板中可以看到，这段字幕较长，被自动折成两行显示，如图 12-25 所示。

打造电影感科幻短片　203

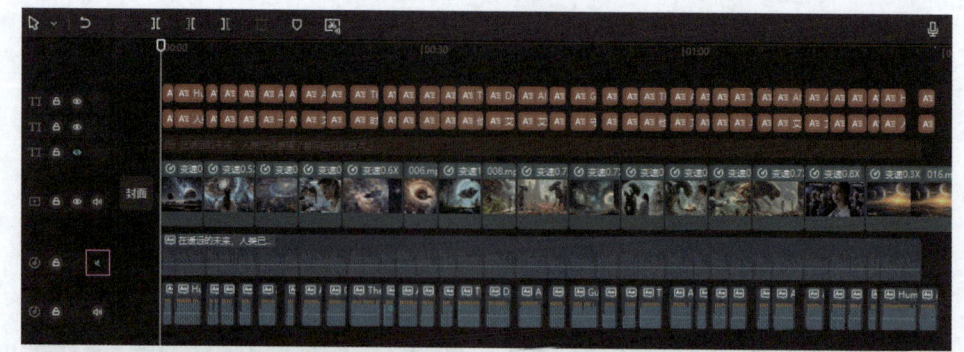

图 12-23

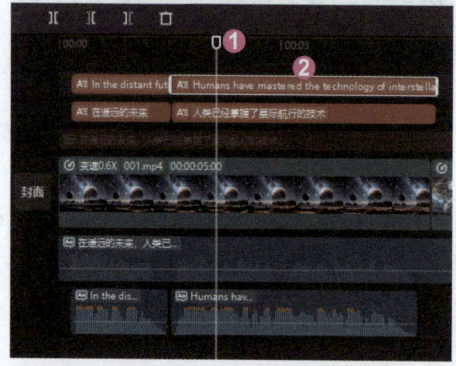

图 12-24 　　　　　　　　　　　图 12-25

步骤20　用鼠标向左拖动字幕文本框的左侧边缘，增大文本框的宽度，让字幕显示成一行，如图 12-26 所示。

步骤21　❶展开"文本"面板，❷将"缩放"设置为 70%，缩小字幕，❸将"位置"的 X 坐标值设置为 0，让字幕位于画面中间，❹启用并展开"描边"选项组，❺将"粗细"设置为 15，为字幕添加描边效果，如图 12-27 所示。

图 12-26 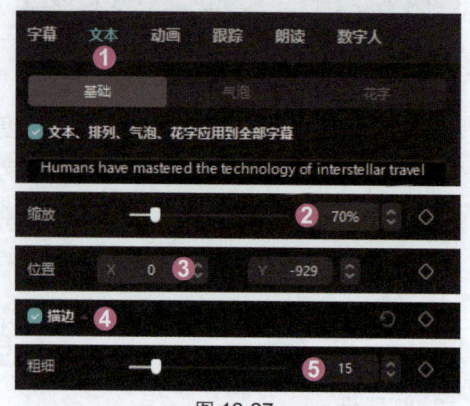　　　　　　　　　　　图 12-27

步骤22 在时间轴中单击选中下方的第 2 段中文旁白字幕，如图 12-28 所示。

步骤23 ❶在"文本"面板中启用并展开"描边"选项组，❷将"粗细"设置为 15，如图 12-29 所示，为所选中文字幕设置相同的描边效果。

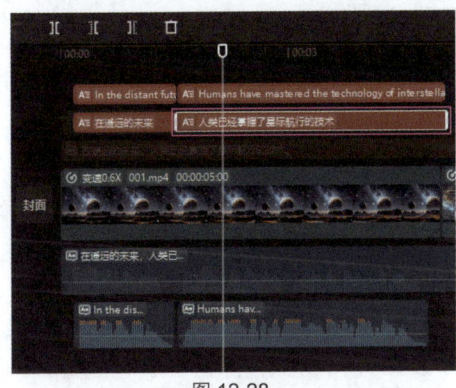

图 12-28 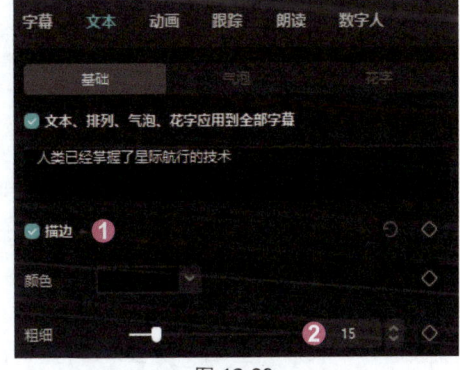　　　　　　　　　　　　图 12-29

步骤24 在"播放器"面板中预览设置后的字幕效果，如图 12-30 所示。

步骤25 向右拖动时间线，预览其他字幕，可以看到所有字幕都应用了相同的格式，如图 12-31 所示。

图 12-30 　　　　　　　　　　　　图 12-31

05 使用剪映添加音效和背景音乐

音效和背景音乐在科幻短片中扮演着至关重要的角色，它们在营造氛围、增强沉浸感、表达情感、推动叙事、强化主题等多个方面发挥作用，不仅能帮助观众更好地理解和感受故事，还深刻影响着观众的观看体验。本节将使用剪映内置的音频素材为作品添加音效和背景音乐。

打造电影感科幻短片 205

步骤01　将时间线拖动到女主角在实验室工作的画面处，如图 12-32 所示。

步骤02　❶单击"音频"按钮，打开"音频"素材库，❷单击"音效素材"按钮，❸搜索关键词"操作"，❹在搜索结果中选择"科技系统界面操作音效"，单击其右下角的"添加到轨道"按钮，如图 12-33 所示，添加音效。

图 12-32 　　　　　　　　　　　　图 12-33

步骤03　❶展开"基础"面板，❷将"音量"设置为 -5 分贝，降低音效的音量，如图 12-34 所示。

步骤04　将时间线向右拖动到飞船飞行的画面处，如图 12-35 所示。

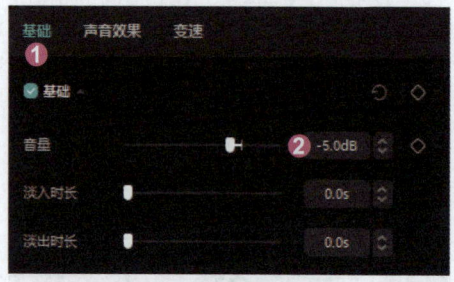

图 12-34 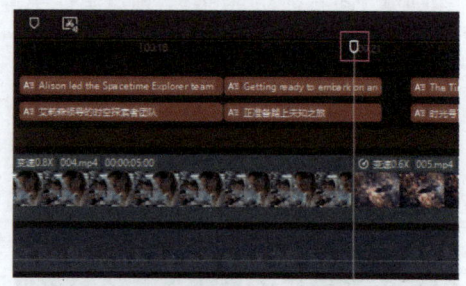　　　　　　　　　　　　图 12-35

步骤05　❶在"音频"素材库中搜索关键词"飞船"，❷在搜索结果中选择"飞船飞行音效"，单击其右下角的"添加到轨道"按钮，如图 12-36 所示，添加音效。

步骤06　在"基础"面板中将"音量"设置为 -5 分贝，降低音效的音量，如图 12-37 所示。

图 12-36 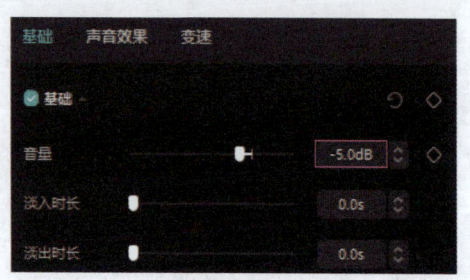　　　　　　　　　　　　图 12-37

步骤07 继续使用相同的方法,根据创作需求添加更多的音效,如图 12-38 所示。

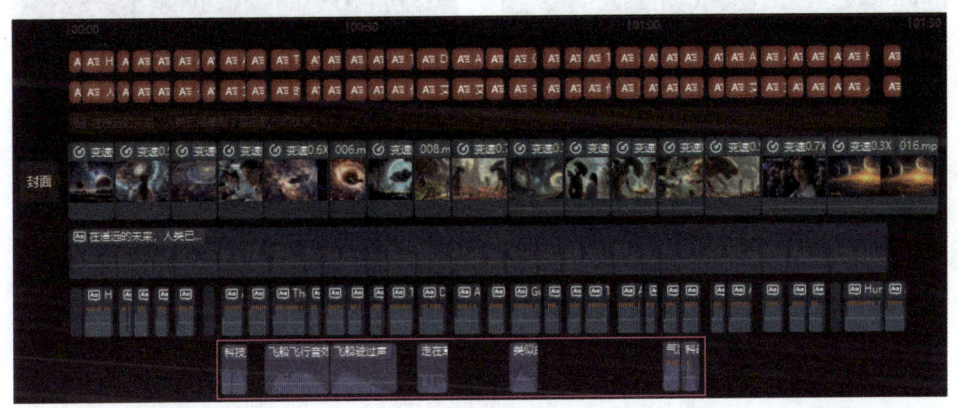

图 12-38

> **提示**
>
> 为了实现最佳的视听效果,不仅需要调整音效的音量,有时还需要根据画面的具体表现对音效进行适当的裁剪。

步骤08 ❶在"音频"素材库中单击"音乐素材"按钮,❷单击"悬疑"标签,❸在筛选结果中选择一首合适的背景音乐,单击其右下角的"添加到轨道"按钮,如图 12-39 所示,添加背景音乐。

步骤09 ❶将时间线移动到需要裁剪的位置,❷单击工具栏中的"向右裁剪"按钮,如图 12-40 所示。

图 12-39 　　　　　图 12-40

步骤10 位于当前时间点之后的多余背景音乐片段被删除,如图 12-41 所示。

步骤11 在"基础"面板中,❶将"音量"设置为 -6 分贝,降低背景音乐的音量,❷将"淡出时长"设置为 5 秒,让背景音乐结束得更自然,如图 12-42 所示。

打造电影感科幻短片　207

图 12-41

图 12-42

06 使用剪映添加片尾特效和动画字幕

最后，在作品的末尾添加"闭幕"特效和动画字幕，提升作品的完整度，给人留下较为专业的印象。

步骤01 将时间线拖动到需要添加特效的位置，如图 12-43 所示。

步骤02 ❶单击"特效"按钮，打开"特效"素材库，❷单击"画面特效"按钮，❸然后单击"基础"标签，❹在右侧选择"闭幕"特效，单击其右下角的"添加到轨道"按钮，如图 12-44 所示，添加特效。

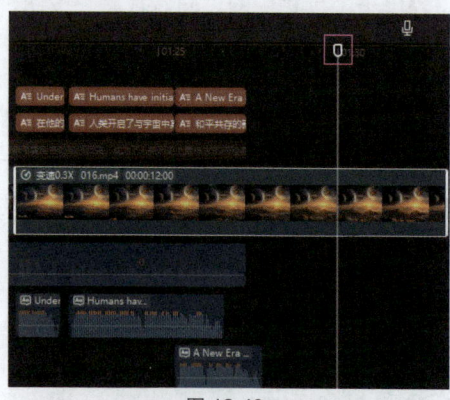

图 12-43

图 12-44

步骤03 按〈↓〉键，将时间线移动到"闭幕"特效结束的位置，如图 12-45 所示。

步骤04 ❶单击"文本"按钮，打开"文本"素材库，❷单击"文字模板"按钮，如图 12-46 所示。

步骤05 ❶单击"片尾谢幕"标签，❷在右侧单击选中一种模板，如图 12-47 所示。

步骤06　将选中的模板拖动到字幕轨道中，如图 12-48 所示。

图 12-45

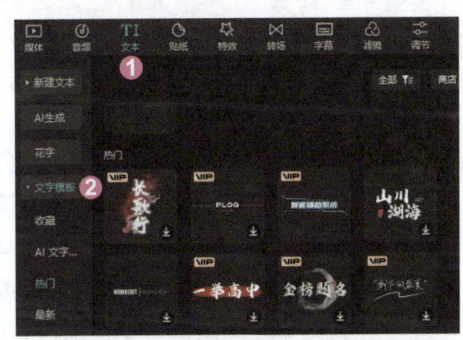

图 12-46

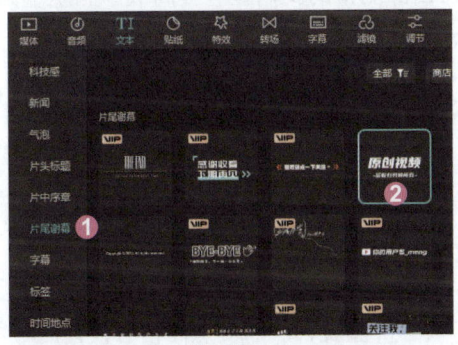

图 12-47

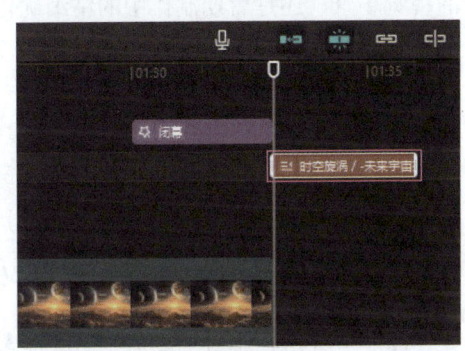

图 12-48

步骤07　❶展开"文本"面板，❷在"第 1 段文本"文本框中输入"时空旋涡"，❸在"第 2 段文本"文本框中输入"- 未来宇宙探索时代 -"，❹将"缩放"设置为60%，缩小字幕，如图 12-49 所示。

步骤08　在"播放器"面板中预览设置后的字幕效果，如图 12-50 所示。至此，本案例制作完毕。

图 12-49

图 12-50

打造电影感科幻短片　209

13 打造时尚汽车广告大片

在竞争日趋白热化的商业环境中，企业不再满足于传单和海报等传统的推广方式，而是纷纷转向更加直观、高效的视频广告。作为一种集视觉和听觉等多种感官体验于一体的媒介形式，视频广告能够全方位、多角度地展示产品的魅力，其易于分享和传播的特性也有助于扩大品牌的曝光率。随着技术的飞速进步，AI 开始在视频广告制作流程中施展身手，无论是激发创意策划的灵感火花，构建令人震撼的视觉场景，还是后期制作中的精细优化，AI 都能帮助我们显著提高效率和质量。本章将讲解如何利用 AI 技术打造一部时尚汽车广告大片。

01 使用智谱清言撰写品牌口号

品牌口号是企业为了传达其品牌理念、核心价值观、产品卖点而精心设计的一句话或短语。它通常简洁有力，易于记忆，并且能够激发目标受众的情感共鸣。好的品牌口号是品牌的标志和象征，不仅能加深消费者对品牌的印象，还能在一定程度上左右消费者的购买决策，为品牌带来持久的市场影响力。本节将使用智谱清言撰写品牌口号。

> 我正在制作一部视频广告，展示的产品是一款跑车。请为这部广告撰写 5 个品牌口号，每个口号不超过 10 个字，并且能够酷炫、简洁、鲜明、有力地表达品牌的时尚态度。

> 以下是为您的跑车视频广告设计的 5 个酷炫、简洁、鲜明、有力的品牌口号：
> 1. 疾驰未来，炫酷由我定义！
> 2. 超跑驾临，潮流之巅！
> 3. 速度与激情，尽在掌握！
> 4. 流线之美，驾驭非凡！
> 5. 飞驰梦想，尽显尊贵风范！

> 请在口号中加入一些情感元素，让口号更有说服力。

> 以下是加入了情感元素的 5 个品牌口号：

1. 激情燃烧，与我心动共鸣！
2. 超越梦想，感受极致心跳！
3. 速度与激情，点燃你的渴望！
4. 流线之美，触动心弦每一刻！
5. 驾驭未来，让情感随风驰骋！

02 使用秒画生成图像素材

为了全方位且生动地展示产品的独特魅力和卓越性能，我们在制作这部广告时将精心挑选并巧妙融合多样化的画面素材，包括图像素材和视频素材。本节先使用秒画生成所需的图像素材。

步骤01 按照第 2 章的讲解登录秒画的"AI 在线绘图"页面，❶输入提示词"春天，樱花绽放，粉嫩花瓣缓缓自枝头飘落，温馨而唯美的景象，远景，最佳画质，8K，超清晰，高清摄影"，❷单击"生图比例"下的"自定义"按钮，❸将"宽"和"高"分别设置为 1920 和 1080，❹将"生图数量"设置为 4，❺单击"立即生成"按钮，❻在生成结果中单击选择一张满意的图像，如图 13-1 所示。

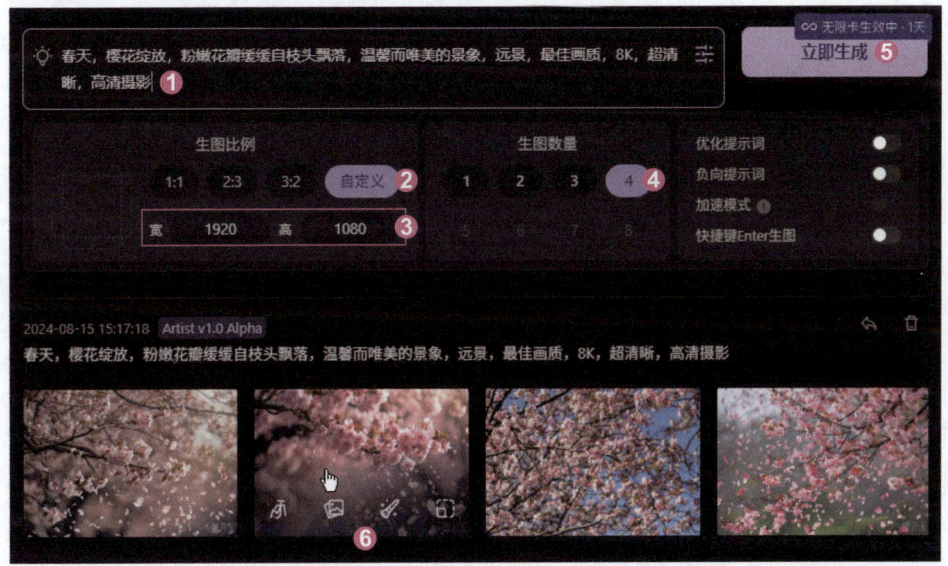

图 13-1

步骤02 在弹出的对话框中单击"下载"按钮，下载并保存图像，如图 13-2 所示。使用相同的方法生成更多图像素材。

图 13-2

03 使用即梦 AI 基于图像素材生成视频素材

接下来使用即梦 AI 的"图片生视频"功能，将秒画生成的图像素材转换为视频素材。

步骤01 按照第 3 章的讲解登录即梦 AI 的工作界面，单击"AI 视频"下的"视频生成"按钮，如图 13-3 所示。

图 13-3

步骤02 进入"视频生成"页面，❶选择"图片生视频"方式，❷单击下方的"上传图片"按钮，如图 13-4 所示。

步骤03 弹出"打开"对话框，❶选中之前生成的一张图像素材，❷单击"打开"按钮，如图 13-5 所示。

图 13-4

图 13-5

步骤04 图像素材上传成功后，在下方输入提示词"春天，樱花绽放，粉嫩花瓣缓缓自枝头飘落，温馨而唯美的景象"，如图 13-6 所示。

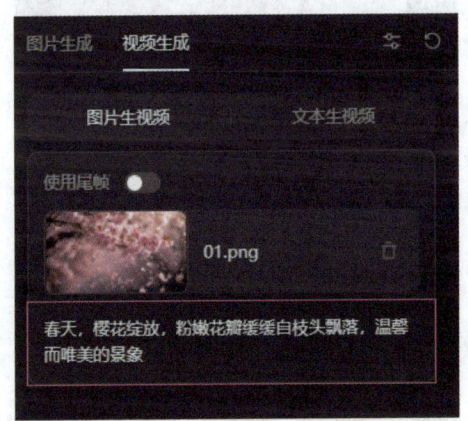

步骤05 ❶根据提示词的描述将"运动速度"设置为"慢速"，❷单击"生成视频"按钮，如图 13-7 所示。

图 13-6

图 13-7

步骤06 稍等片刻，即梦 AI 会根据参考图和提示词生成一段樱花飘落的视频素材。将鼠标指针放在视频素材上，单击右上角的"下载"按钮，下载并保存视频素材，如图 13-8 所示。使用相同的方法生成更多的视频素材。

图 13-8

打造时尚汽车广告大片 213

04 使用剪映导入视频素材并调整播放速度

有了视频素材后，就可以进入视频剪辑与合成的流程。本节将在剪映中导入和添加视频素材，并调整部分素材的播放速度，以控制画面的节奏和动感。

步骤01　在计算机上打开剪映，创建新项目，导入之前生成的所有视频素材。单击第 1 段视频素材右下角的"添加到轨道"按钮，如图 13-9 所示，将该素材添加到视频轨道上，如图 13-10 所示。

图 13-9

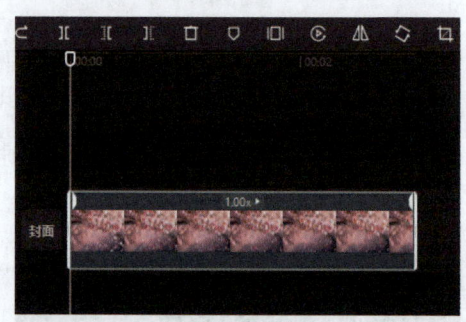

图 13-10

步骤02　❶展开"变速"面板，❷将"倍数"设置为 1.5x，让播放速度变为原来的 1.5 倍，如图 13-11 所示，在素材上显示相应的变速标识，如图 13-12 所示。

图 13-11

图 13-12

步骤03　使用相同的方法，添加更多视频素材并调整播放速度，如图 13-13 所示。

图 13-13

05 使用剪映中的滤镜优化画面色彩

视频素材有多段,其视觉风格有可能不一致,所传达的情绪或氛围也有可能不连贯,因此,有必要对视频素材的画面色彩进行优化和润饰,创造出契合主题、协调统一的视觉效果。本节将在剪映中通过添加滤镜完成这项任务。

步骤01 ❶单击"滤镜"按钮,打开"滤镜"素材库,❷单击"滤镜库"按钮,❸单击"风景"标签,❹选择"漫樱"滤镜,单击其右下角的"添加到轨道"按钮,如图 13-14 所示。

步骤02 在"滤镜"面板中将"强度"设置为 45,适当降低滤镜强度,如图 13-15 所示。

图 13-14    图 13-15

步骤03 在时间轴中用鼠标拖动调整"漫樱"滤镜的时长,让该滤镜作用于更多的视频素材,如图 13-16 所示。

步骤04 在"播放器"面板中可以预览调色效果,如图 13-17 所示。

图 13-16    图 13-17

步骤05 使用相同的方法在不同的时间点处添加更多的滤镜,以优化画面色彩,如图 13-18 所示。

图 13-18

06 使用剪映添加转场效果

多段视频素材之间的衔接会影响作品的观看体验。本节将通过在剪映中添加转场效果来增强作品的视觉流畅度,从而提升作品的观看体验。

步骤01 将时间线拖动到需要添加转场的两段视频素材之间,如图 13-19 所示。

步骤02 ❶单击"转场"按钮,打开"转场"素材库,❷单击"转场效果"按钮,❸单击"故障"标签,❹选择"故障"转场,单击其右下角的"添加到轨道"按钮,如图 13-20 所示。

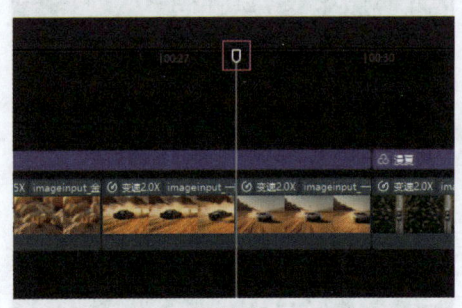

图 13-19 　　　　　　　图 13-20

步骤03 所选转场被添加到两段视频素材之间,如图 13-21 所示。

步骤04 将时间线拖动到需要添加转场的另外两段视频素材之间,如图 13-22 所示。

图 13-21 　　　　　　　图 13-22

步骤05　❶在"转场"素材库中单击"模糊"标签，❷选择"亮点模糊"转场，单击其右下角的"添加到轨道"按钮，如图 13-23 所示。

步骤06　在"转场"面板中将"时长"设置为 0.4 秒，如图 13-24 所示。

图 13-23 　　　　　　　　　　　图 13-24

07　使用剪映添加音效和背景音乐

为了突出表现产品的动态美和速度感，除了要有剪辑紧凑、节奏明快的画面，还需要配合动感强烈的音效和背景音乐，才能让观众仿佛身临其境，感受到产品带来的激情与力量。本节将在剪映中为作品添加合适的音效和背景音乐。

步骤01　将时间线拖动到需要添加音效的位置，如图 13-25 所示。

步骤02　❶单击"音频"按钮，打开"音频"素材库，❷单击"音效素材"按钮，❸搜索关键词"故障"，❹在搜索结果中选择"故障转场音效"，单击其右下角的"添加到轨道"按钮，如图 13-26 所示，将该音效添加到当前时间点处。

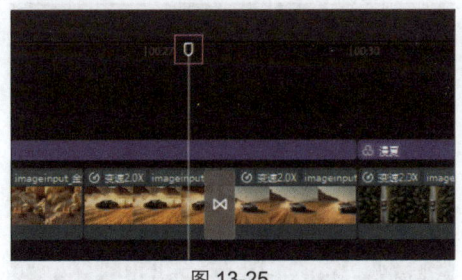

图 13-25 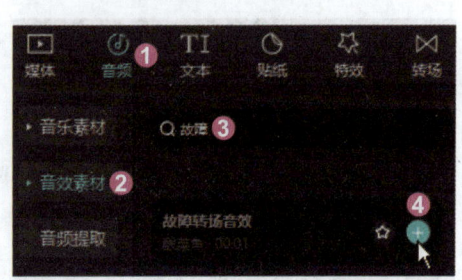　　　　　　　　　　　图 13-26

步骤03　将时间线拖动到视频开头，如图 13-27 所示。

步骤04　❶在音效素材中搜索关键词"鸟叫"，❷在搜索结果中选择"鸟叫声"音效，单击其右下角的"添加到轨道"按钮，如图 13-28 所示，将该音效添加到当前时间点处。

打造时尚汽车广告大片　217

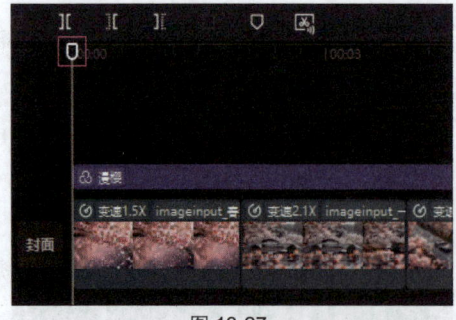

图 13-27 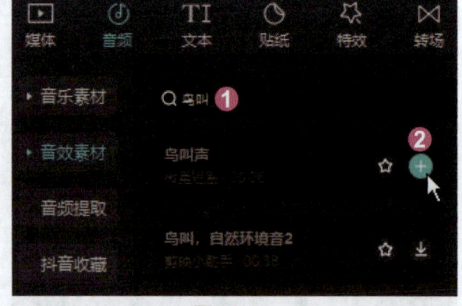　　　　　　　　　　　　　　图 13-28

步骤05　接下来需要将音效素材的多余部分裁剪掉。❶将时间线向右拖动到需要分割的位置，❷单击工具栏中的"向右裁剪"按钮，如图 13-29 所示。音效素材位于当前时间点之后的部分被删除，如图 13-30 所示。

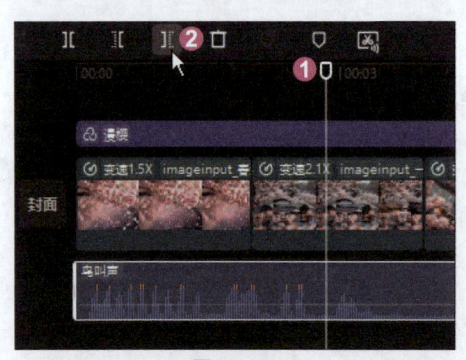

图 13-29 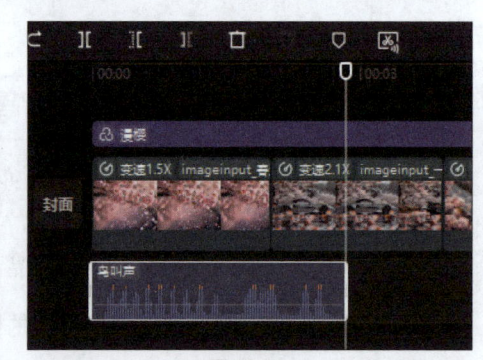　　　　　　　　　　　　　　图 13-30

步骤06　在"基础"面板中将"淡出时长"设置为 0.6 秒，如图 13-31 所示，让音效结束得更自然。在音频轨道上可看到相应的淡出效果标识，如图 13-32 所示。

图 13-31 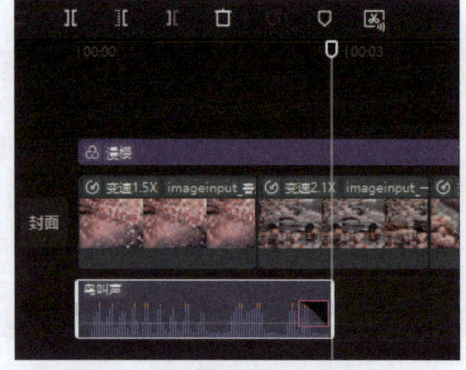　　　　　　　　　　　　　　图 13-32

步骤07　使用相同的方法，根据画面效果添加更多音效，增强画面的临场感，如图 13-33 所示。

图 13-33

步骤08 将时间线拖动到需要开始播放背景音乐的位置，如图 13-34 所示。

步骤09 ❶单击"音乐素材"按钮，❷搜索关键词"广告"，❸在搜索结果中选择一首喜欢的背景音乐，单击其右下角的"添加到轨道"按钮，如图 13-35 所示，将该音乐添加到当前时间点处。

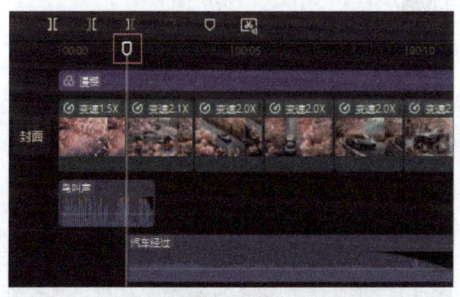

图 13-34 　　　　　　　图 13-35

步骤10 ❶将时间线拖动到画面结束处，❷单击工具栏中的"向右裁剪"按钮，如图 13-36 所示，删除当前时间点之后的背景音乐片段。

步骤11 ❶在"基础"面板中将"音量"设置为 -8 分贝，降低背景音乐的音量，❷将"淡出时长"设置为 10 秒，让背景音乐结束得更自然，如图 13-37 所示。

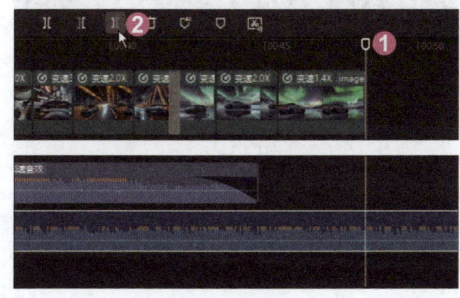

图 13-36 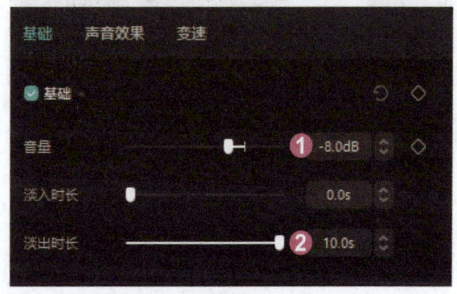　　　　　　　图 13-37

打造时尚汽车广告大片　219

08 使用剪映添加品牌口号和片尾

最后，为了加深观众对品牌的记忆，在视频广告即将结束时展示之前撰写的品牌口号，然后在片尾展示品牌徽标。

步骤01 ❶单击"文本"按钮，打开"文本"素材库，❷单击"新建文本"按钮，❸单击"默认文本"右下角的"添加到轨道"按钮，如图 13-38 所示，添加默认文本。

图 13-38

步骤02 ❶展开"文本"面板，❷在文本框中输入品牌口号，❸在"字体"下拉列表框中选择喜欢的字体，❹将"字号"设置为 7，❺将"字间距"设置为 5，❻将"行间距"设置为 7，❼单击"对齐方式"右侧的 按钮，如图 13-39 所示。

步骤03 ❶展开"动画"面板，❷在"入场"选项卡下单击选择"流光扩散"动画，❸将"动画时长"设置为 1 秒，如图 13-40 所示。

图 13-39    图 13-40

步骤04 在"播放器"面板中将品牌口号字幕移至画面右侧，如图 13-41 所示。

步骤05 在时间轴中用鼠标拖动调整品牌口号字幕的时长，使该字幕与视频画面同时结束，如图 13-42 所示。

图 13-41 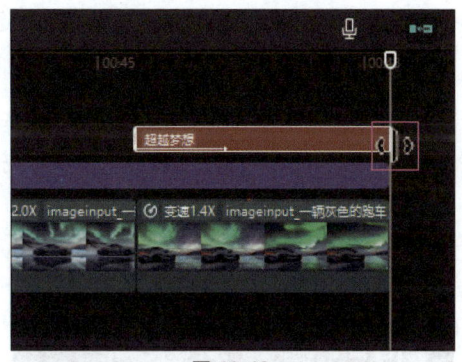　　　　　　　　　　图 13-42

步骤06 按〈↓〉键，将时间线移动到最后一段视频素材的开头，如图 13-43 所示。

步骤07 打开"文本"素材库，再次单击"默认文本"右下角的"添加到轨道"按钮，如图 13-44 所示。

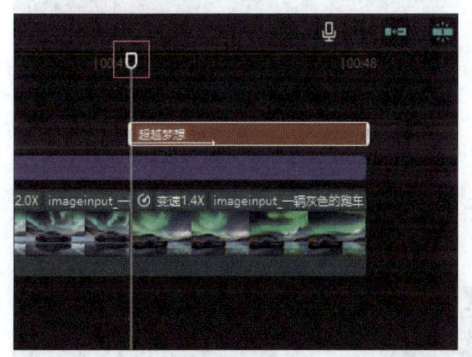

图 13-43 　　　　　　　　　　图 13-44

步骤08 ❶展开"文本"面板，❷在文本框中输入品牌口号所对应的英文，如图 13-45 所示。

步骤09 ❶展开"朗读"面板，❷单击选择"磁性男声"音色，❸单击"开始朗读"按钮，如图 13-46 所示。

图 13-45 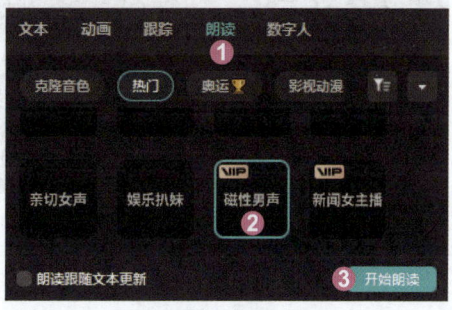　　　　　　　　　　图 13-46

打造时尚汽车广告大片　221

步骤10　❶剪映会根据输入的英文和所选的音色在时间轴上生成朗读语音，❷单击选中字幕轨道上的英文品牌口号字幕，如图 13-47 所示，按〈Delete〉键将其删除。

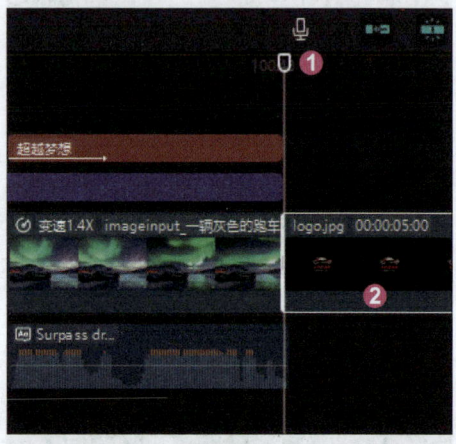

步骤11　❶按〈↓〉键，将时间线移动到最后一段视频素材结束的位置，❷导入品牌徽标素材并将其添加到视频轨道上，如图 13-48 所示。

图 13-47　　　　　　　　　　　图 13-48

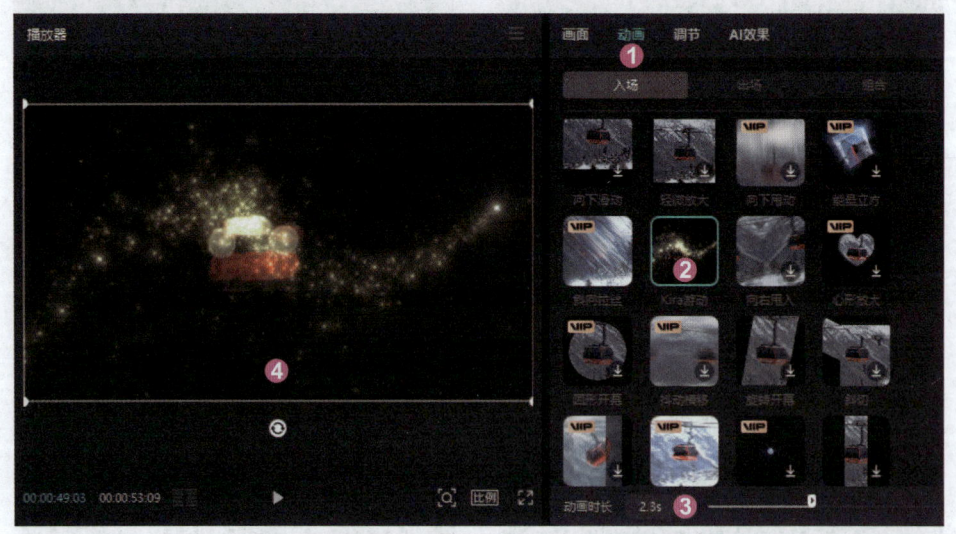

步骤12　❶展开"动画"面板，❷在"入场"选项卡下单击选择"Kira 游动"动画效果，❸将"动画时长"设置为 2.3 秒，❹在左侧的"播放器"面板中可预览动画效果，如图 13-49 所示。

图 13-49